인생여행

보고 갈 곳이
여기다

박태화 지음

인생여행
보고 갈 곳이
여기다

한국인이 선호하는 여행지 국내 40, 외국 51곳을
지리학자의 관점에서 고찰하다

문예바다

　지리학은 지역의 차이를 탐구하는 학문이다. 지역 간에는 주로 자연적인 인문적 차이가 존재한다. 학생들의 수학여행은 자연이 빼어난 설악산과 문화유적이 많은 경주와 부여로 가게 된다. 특히 자연과 인문 둘 모두 가지는 제주도는 여행지로 독특한 매력을 가진다. 최근 교통기관이 발달하고 생활수준이 향상되자 설악산은 일본의 후지산이나 미국의 그랜드캐니언으로 바뀌고, 경주는 중국 베이징의 자금성이나 이탈리아 로마의 바티칸 국으로 바뀌고 있다. 학생들은 보다 넓은 세계의 상이한 환경과 삶의 방식에서 평생을 좌우할 충격과 경험을 얻을 수 있고, 어른들은 일상에 지친 몸과 마음을 여행지의 새로운 환경에서 내일의 힘찬 출발을 위해 힐링(Healing)할 수 있다.

이 책은 한국인이 선호하는 여행지 국내 40곳, 국외 51곳을 선정하여 지리학자의 관점에서 문화, 역사, 지리학적 방법론으로 고찰하여 처음 찾는 여행자에게 도움을 주고자 저술하였다. 우리는 자료의 홍수 속에서 오히려 자료의 빈곤함을 느끼면서 여행을 떠날 때는 막상 그냥 출발할 때가 많다. 그러나 "여행은 아는 만큼 보인다"는 평범한 진리를 상기하면 이 책은 마음 깊숙이 희열을 줄 것을 믿어 의심치 않는다. 오늘날 지리공부, 즉 여행은 삶의 자체요 인생살이 성공의 잣대로 보는 사람도 많다. 몇 해 전 인천공항의 외국 나들이 인파가 폭증하는 것에서도 알 수 있고 또 부모님 회갑 선물로 자식들이 돈을 모아 유럽여행을 보내드리고 즐거워하고 있다.

　　관광 관련 업종은 대충 항공, 음식, 숙박, 교통, 선물·용품이 중요하다. 국가산업에서 그 비중은 국가에 따라 차이가 있으나 약 15~60%를 차지한다. 선후진국을 막론하고 국가정책에서 황금알을 낳는 거위로 생각, 소홀히 할 수 없는 산업으로 간주한다. 작금 '코로나 19'로 관광산업은 물론 세계 경제 위기를 경고하고 있다. 하루빨리 코로나 19 이전의 세계 인구의 흐름 회복을 간절히 기원한다. 그동안 국내외 답사에 동행해 준 경북대 지리교육과 제자와 나의 친구의 노고에 감사드리고, 엄마 없이 잘 자라 어엿한 대학생이 된 나의 손녀 박유현이가 사랑스럽기만 하다.

외국편

국내편

대한민국 베트남전쟁 참전 전적비

글 지은이 박태화 : 십자성부대 공병 소대장
경북대학교 사범대학 지리교육과 교수 역임

    나는 학훈(ROTC) 3기로서 고심 끝에 동기들과 함께 전역하지 않고, 자유의 십자군으로 1967년 4월 부산항에서 윌리엄 위글호에 맹호부대, 백마부대, 청룡부대 장병 1,200여 명과 함께 승선하였다. 물론 한 달가량 산새도 울지 않는 화천군 오읍리 월남전쟁 세트장에서 강도 높은 유격 훈련과 땅굴 훈련을 받았고, 전날 오후는 서울 청량리역에서 뜨거운 환송식과 함께 당시 희생이 많은 소대장만 열차에 내려서 꽃을 받았다. 나의 목에도 이름 모르는 여학생이 소대장으로 최일선에서 조국을 위해 싸우다가 죽어도 영광일 만큼 크고 아름다운 사명의 화환을 걸어주었다.

    새벽 5시 내 고향 대구를 지날 때는 대구시장과 저명인사, 교대로 동원된 학생들 속에 가족은 내 여동생 혼자만의 전송을 받았다. 26세에 수절 과부가 되어 외동아들 나 하나만 믿고 사시는 어머니께는 죽음의 전쟁터에 간다는 말을 할 수가 없었다. 부산역에서 제3부두까지는 많은 시민들이 철조망을 넘어 구름같이 모여들었다. 몸에 지닌 한화를 남김없이 이곳에서 뿌려야만 살아서 돌아온다는 소문 때문이었다. 우리들은 약속이나 한 듯이 준비한 돈을 차창 밖으로 던졌다.

우리를 태운 위글호는 제2차 대전 때 완전군장 장병 4,500명을 태우고 미국의 보스턴에서 유럽의 리스본에 상륙시킨 전쟁용 수송함이다. 나는 5일 동안 항해 중 소위에서 중위로 선상에서 진급하고, 월남의 동해안에 있는 다낭과 퀴논을 거처 아름다운 해안도시 냐짱에 도착하였다.

나는 한국군 처음으로 월남에서 창설되었고, 또 해체되어 고국 땅을 밟지 못한 비운의 십자성부대에서 전입신고를 하였다. 제116공병대대 제2중대 제1소대장이다. 처음 맞는 이국에서 연일 40℃가 넘는 더위와 싸우면서 나는 소대원의 안전에 대한 무거운 책무를 가지게 되었다.

한국은 역사상 처음으로 1964년 파병하여 우방국 베트남을 돕고 국위를 선양하였으나 미국은 역사상 처음으로 패전의 멍에를 안겨준 전쟁이었다. 우리는 1973년 철수를 완료하였고, 8년 동안 참전병력 325,517명, 사망자 5,099명, 부상자 11,232명이 발생하였다. 한국은 그 대가로 군 장비의 현대화가 되고, 전투수당은 경부고속도로와 포항제철공장 건설에 기여하였다. 파병 직전 1인당 GNP 103$이 철수가 끝난 해는 5배가 넘는 541$로 국민소득이 향상되었다.

당시 야당 인사인 윤보선과 김대중은 한국파병은 박정희 정권의 연장을 위한 용병일 뿐이라고 국군파병을 한사코 반대하였다. 한국의 경제발전은 한강의 기적이 아니라 박정희 대통령의 파병의 결단이었다. 즉 경부고속도로가 시동을 건 후, 포항제철공장이 이끌어서 세계 1위의 조선국, 세계 5위의 자동차 생산국이 된 것이다.

파월 장병, 파독 간호사, 파독 광부 당신들이 벌어들인 눈물의 달러($)는 이 나라 경제발전의 종잣돈이 되었고, 여러분이 극한과 막장에서 싸운 고귀한 희생정신은 이 나라의 선진국 진입에 밀알이 되었다. 아 대한민국은 선진국 이태리를 능가하고, 영국과 어깨를 겨누는 세계 경제 대국이 되었노라! 아 태극기와 함께 영원하리라!

2019년 5월 5일

1-1 십자성부대 마크 / 1-2 잊지못하는 전우

강릉 죽헌동
: 신사임당

대나무는 성장 적정온도가 −10~34℃이고, 강수량은 1,500~2,000
mm가 적당하다. 그래서 강릉과 동 위도의 서해안에서는 겨울 혹한
때문에 대나무가 성장하지 못한다. 오죽은 우리 조상들이 인내와 절
개의 상징으로 여겼으며 죽순이 나오는 첫해는 녹색이지만 이듬해
는 검은 자색으로 변색하고 모양도 작고(직경 2~3cm) 미려하여 담
뱃대로 이용하였으나 최근에는 제약과 화장품의 원료가 되어 용도가
다양하다.

오죽헌(烏竹軒) 주변에는 오죽이 많다. 그래서 집주인 「권처균」은
자기 호를 오죽헌이라 하고 또 집의 당호로도 사용하였다. 오죽헌은
4대 연속해서 외손에게 상속되는 특이한 운명의 가옥이다. 신사임당

의 외조부 「이사온」은 장인 형조참판 「최응현」으로부터 물려받았고, 이사온도 무남독녀 딸의 남편인 사위 「신명화」에게 물려주었다. 그래서 신사임당 자신도 여기서 태어나고, 또 그녀도 통덕랑 「이원수」와 결혼하여 율곡 「이이」를 오죽헌 몽룡실에서 낳고 키웠다. 그 후 이 가옥은 묘소관리를 조건으로 그녀의 여동생의 아들 권처균에 상속되어 보존되어 왔다.

오죽헌(보물 165호)은 조선 초 이조참판 「최치운(최응현의 부)」이 처음 지을 때 건물은 오죽헌과 바깥채만 남아 있고, 함께 심은 수령 600년의 율곡매와 배롱나무는 지금도 꽃을 피운다. 현재 경내에 있는 안채, 사랑채, 문성사 등은 1996년 정부의 문화재 복원계획에 의하여 옛 모습에 가깝게 복원한 것이다. 오죽헌은 조선 초기의 살림집의 별당 건축으로 개인이 살던 가옥 중에서 가장 오래된 건물 중 하나로 잘 보존되어 왔다. 평면구조는 평범한 ─자 집으로 전면 3칸, 측면 2칸의 추녀가 너무 들리지 않는 단층 팔작지붕으로 단아하고 소박하다. 그 후 건축된 사랑채는 호해정사(湖海精舍)라 이름하였고, 기둥의 주련 글씨는 추사 김정희가 썼다.

사임당 신 씨(1504~1551) 이름은 「신인선(申仁善)」으로 어려서부터 자수뿐만 아니라 그림, 글씨, 시 등 예술에 능한 여류문인이다. 더욱이 '말을 망령되게 하지 말아야 한다'는 인생 명언은 만인의 귀감이다. 그녀는 7세 시 안견의 그림을 혼자 스스로 사숙했던 것이다. 풀벌레, 포도, 화조, 어죽, 매화, 난초 등을 많이 그렸는데 마치 살아 있는 것 같이 섬세하게 표현했다. 특히 10폭 병풍으로 종이 바탕에 수묵담채로 그린 초충도, 산수도 등에서 포도와 산수 표현이 절묘하여 명종시대 어숙권은 패관잡기에서 몽유도원도를 그린 안견 다음가는 화가라고 칭송을 하였다. 글씨는 초서 6폭과 해서 1폭이 남아 있는데 정성 들여 그은 획이 정결하고 고상하여 말발굽과 누에머리, 즉 마제잠두(馬蹄蠶頭) 체법에 의한 글씨이다. 시가(詩歌)로는 시집이 있는 파주로 가면서 쓴 시《사친(思親)》에서 어머니를 향한 신사임당의 애정이 얼마나 절절한가를 알 수 있다. 그러나 사임당은 신령스러운 천지 기운을 받아 율곡을 잉태한 여성으로 인식되었고, 훌륭한 태교와 교육을 통하여 율곡을 성리학자로 키워낸 신사임당으로 더 유명해지기 시작했다. 현재 한국 지폐의 여왕 5만 원 권의 주인공이다.

율곡 이이(1536~1584) 선생은 어려서 어머니에게 학문을 배워 13세에 진사 초시에 합격하고, 그 후 아홉 차례 과거에 장원급제하여 '구도장원공(九度壯元公)'이란 칭송을 얻었다. 율곡은 진리란 현실의 문제와 직결되어 있고, 그것을 떠나서 별도로 구하는 것이 아니라고 보았다. 그는 퇴계 이황 선생이 중시하는 주리론(主理論)과 쌍벽을 이루는 주기론(主氣論)을 주장한 학자이다. 그는 출사하여 황해도 관찰사, 대사헌, 이조판서, 형조판서, 병조판서 등을 역임하였으며 조선시대 왕에게 가장 많이 상소를 한 신하로 전해진다. 또 왜란을 예견하여 10만 군대의 양병을 주장하였으며 왜란에서 불멸의 공을 세운 「이순신」 장군과는 같은 덕수이씨로 일가이다. 16세 시 어머니 사임당의 죽음에 충격을 받은 율곡은 금강산 '마가연'에 들어

가 1년간 승려생활을 하였다. 근기남인의 지도자 허목, 윤휴, 윤선도
는 이이를 "유학자의 옷을 입은 불교 승려"라고 하였고, 사후 오랫동
안 그는 이단이라고 비판이 계속되었다.

2-1 오죽 / 2-2 오죽헌

강릉 운정동
: 선교장

　동해안에는 화진포, 송지호, 영랑호, 청초호, 경포호 등 18개의 석호(潟湖)가 있다. 원래 해안선은 들락날락하는데 강물에 실려 온 모래를 연안류가 다시 운반하여 만 전면을 일직선으로 메우면 사주(砂洲)가 되어 해수욕장으로 이용되고, 내측은 호수가 된다. 이 호수 대부분은 바다와 연결되거나 막혀 있어도 모래를 통하여 염분이 스며들어 특이한 수중생물과 어류가 서식하는 석호(Lagoon)가 된다. 사주도 파도가 치면 모래를 밀어 올려 높은 모래언덕(砂丘)이 되는데 바람이 불면 모래가 날려가서 멀리 내륙에 있는 농경지를 묻어버린다. 그래서 모래의 비산을 방지하기 위하여 사구에는 예외 없이 소나무가 심어져 있다.

경포호는 거울같이 맑은 석호이고, 사구는 경포해수욕장으로서 소나무가 심어져 있어서 한국 제1의 아름다운 해안 풍경을 연출한다. 경포호 주변에는 경포대, 경호정, 방해정, 해운정, 금란정 등 12개의 정자가 있다. 경포대는 관동팔경의 으뜸으로 고려 말 충숙왕 13년(1326)에 「박숙정」이 창건하여 경포호와 함께 빼어난 절승지로 수많은 시인 묵객들이 다녀간 명승지로서 명사들의 시·서·화가 있어 역사 문화 경관적 가치가 높다. 또 경포호는 석호에만 사는 검정납작골풀, 새방울사초, 제비붓꽃 등 10여 종이 자생하고 있다. 둘레길(4.3km)을 따라 걸으면 강원도 안찰사 「박신」과 기생 「홍장」의 사랑의 스토리를 순서대로 만든 앙증스런 동상이 객을 반긴다.

선교장은 소나무와 주엽나무 300~500년생이 우거져 내·외국인의 사랑을 받고 있는 수려한 경관을 배경으로 하고 있다. 이곳 숲속은 족제비가 살던 천하명당 터로 현 소유주 「이강백」의 9대조이자 효령대군 11대손인 「이내번」 공이 1703년에 건립하였다. 옛날에는 선교장 바로 앞까지 경포호여서 배를 타고 들어가기 때문에 선교장(船橋莊)이란 명칭이 붙었다. 즉 배 선(船), 다리 교(橋)자를 써서 '배다리'라 부르기도 한다. 선교장은 한국방송공사에서 '20세기 한국의 전통가옥 TOP 10' 선정에서 1등을 했다. 여름에 정원 남쪽에서 연못을 보면 배롱나무 붉은 꽃 사이로 노란 연꽃봉오리가 수줍은 듯이 고개를 들고, 활래정(活來亭)은 그 배경이 되어 가히 꿈속의 가경이다. 전체적 분위기는 자유스러운 너그러움과 인간생활의 활달함이 가득차 보인다. 특히 KBS 기획드라마 〈공주의 남자〉와 〈황진이〉, MBC

〈일지매〉와 〈이몽〉, 영화 〈식객〉 등 많은 단편의 배경으로 각광받고 있다.

선교장은 서편에서 열화당과 중사랑, 서별당과 연지당, 안채와 동별당, 외별당이 차례로 위치하고, 그 외 행랑채(문간채)와 활래정 등 현존가옥이 9동 102칸의 사대부가의 상류 주택으로 왕족이 아니면 가질 수 없는 규모가 아닐까? 열화당은 사랑채로 순조 15년(1815)에 오은 처사 「이후」가 지었는데 도연명의 귀거래사 중 "悅親戚之情話, 일가친척이 이곳에서 정담과 기쁨을 함께 나누자"는 뜻으로 지어진 이름이라 한다. 전면 4칸에 누마루와 테라스를 두고 있다. 안채와 동별당은 안주인과 여자 손님의 전용공간이다. 그 중간에 있는 서별당과 연지당은 남녀의 활동을 구분하는 반가의 동선이다. 문간채는 칸수가 무려 25칸으로 전국 제1위이다. 솟을대문과 샛문 3개, 마구 2칸, 광 4칸, 그 외는 일꾼들이 거처하는 방이다.

솟을대문의 현판 '신선이 사는 그윽한 곳'이라는 仙嶠幽居(선교유거)는 소남 「이희수」의 글씨로 멋의 극치를 이룬다. 이희수(1836~1909)는 조선 말기 서화가로서 산수화, 난초, 대나무 등 그림에 능하였고 7세에 예서, 해서, 행서, 초서, 전서 등을 모두 통달하였다. 입구 쪽 박물관에 있는 紅葉山居(홍엽산거)는 추사가 금강산 유람길에 썼다고 한다.

활래정은 집 밖의 정방형(32m×32m) 연못가에 있는 ㄱ자 평면의 팔작지붕이다. 전면에 4개의 장대석 기둥을 세워 누정을 만들고, 모든 벽은 창호로만 연결되어 있는 아름다운 가정집 정자이다. 活來亭

(활래정) 현판은 「주자」의 시 《관서유감(觀書有感)》에서 집자하였다. 또 동쪽 벽면에 있는 녹색 글씨 活來亭은 해강 「김규진」의 멋스러움을 가득 담은 예서체이고, 월하문 쪽의 흰 바탕에 금색 행서는 서예가 규원 「정병조」의 글씨이다.

3-1 행랑채 25칸 / 3-2 선교장 활래정

강릉 초당동
: 난설헌·교산

    조선 문인의 꿈이 시성(詩聖) 두보의 완화초당(浣花草堂)이다. 다산초당(茶山草堂)도 그러하듯이 가난한 선비의 글 쓰는 초옥이 초당이다. 경포대 부근 바닷가 소나무 숲속에 허초희·허균의 고옥이 숨어 있는데 이곳이 외가 곳인 강릉시 초당동이고, 부근에는 초당 「허엽」이 바닷물을 이용하여 개발했다는 부드러운 초당 순두부 원조와 맛집들이 즐비하다.

    난설헌 「허초희(1553~1580)」와 교산 「허균(1569~1618)」 남매는 양천허씨로서 정치적·학문적으로 명문에서 태어났다. 부(父) 초당 허엽은 화담 서경덕의 수제자이고, 경상도 관찰사를 지냈으며 당시 남인의 당수였다. 이복형 허성은 이조판서, 영의정 허적, 우의정 허목, 동의보감 저자 허준 등은 모두 12촌 이내로 가문의 빛이 두껍다. 양허 남매는 그의 이복형 「허봉」의 친구 삼당시인(三唐詩人) 손곡 「이달」의 문하에서 시작(詩作)을 익혔다. 그녀는 그의 시를 불태웠으나 교산이 누이의 작품을 기억과 필사로 재구성하여 1606년 142수(현존 시 213수)를 수집하였는데 원접사 종사관으로 재직 중 명나라 사신을 따라온 시인 「주지번」에게 그 일부를 주었다. 그는 중국에 돌아가 《난설헌 집》으로 우리나라보다 먼저 출간한 것이다.

● 규원가(閨怨歌)

"삼삼오오 어울려 다니는 기생집에 새 기생이 나타났는가/ 꽃 피고 날이 저물 때 정처 없이 나가 있다가/ 좋은 말을 타고 어디어디를 머물고 있는가/ 원근 지리를 모르거니 소식이야 더욱 알 수 있으랴/~~~"

규원가는 현전하는 최초의 규방가사로서 난설헌이 남편의 사랑을 잃고 슬픔에 잠긴 채 원망과 그리움을 표현하였다. 「허초희」는 15세에 안동인 「김성엽」과 혼인하면서 비극이 시작되었다. 남편의 기방 출입, 시어머니와 불화, 어린 두 아이의 죽음 등이 그녀를 실의의 나락으로 빠트렸고 결국 27세의 젊은 나이에 요절했다. 조선 제1 여성 시인 허난설헌의 삶은 남존여비, 여필종부 등 유교적 사상과 가치관에 희생된 한 여인의 슬픔이라기보다 한 시대의 아픔이다.

「허균」은 서애 류성용 문인으로 시인, 문장가, 정치가, 사상가이다.

그는 26세 정시 문과에 급제한 후 황해도 도사로 발령되었는데 한양 기생을 데리고 부임하여 파직되었다. 그 후 29세(1597) 문과에 장원 급제(3차례)하여 병조정랑이 되고, 형조판서를 거쳐 예조판서로 고속 승진하였다. 교산 허균의 사상은 《호민론》에 잘 나타나 있는데 백성이 이 세상에서 가장 두려운 존재라고 규정하고, 관리와 귀족들이 백성을 업신여기고 가혹하게 부려먹는다는 것이 그의 사상적 배경이다.

○ **호민론(豪民論)**

"1, 항민(恒民)은 불합리한 현실에도 잘 순응하는 백성 2, 원민(怨民)은 현실에 불만은 품지만 저항하지 않는 백성 3, 호민(豪民)은 사회 모순에 과감히 대응하고 반란을 기획하는 백성"

호민론은 사회 모순에 대한 민중들의 저항의식을 분류하고 선동한 것으로 잠자는 민중을 이끌고 나가는 지도자를 호민이라 생각했다. 그는 봉건사회의 하류계층을 옹호하고, 상류계층을 부정 타파하는 정신이 얼마나 과격한가를 보여주었다. 1612년 최초의 한글 소설 《홍길동전》에서도 적서차별과 계급사회 모순을 개혁하고, 이상사회 건설을 바탕에 깔고 있다. 그러나 천성이 총명하고, 시와 문장력에 뛰어난 재주, 왕실의 사돈 등이 고려된 듯 고비마다 선조와 광해군이 면죄부를 주고 재신임하였다.

드디어 광해군 5년 칠서(七庶)의 변과 연루되어 1618년 교산은 능지처참되었다. 인조반정으로 광해군시대 처벌받은 사람이 대부분 사면되었으나 그만은 조선이 멸망할 때까지 그의 죄는 사면되지 않았다. 조선의 양반계층들은 교산의 사상은 사회 안정을 해치는 이단아로 취급한 것이다. 그러나 강릉시는 전통과 역사 속에 이곳이 낳은 위인 허균을 위하여 '교산 허균문화제'를 매년 개최하고 그를 기리고 있다. 과연 그는 시대의 이단아가 아니고 진정한 인본주의자와 자유주의자가 아니겠느냐?

4-1 허난설헌 / 4-2 초당동 사구 숲

고성 왕곡리
:북방식 겹집

　우리나라의 북방(관북)식 가옥구조를 보려면 고성군 죽왕면 오봉리 왕곡마을을 찾아야 한다. 이 마을의 시조는 조선의 건국을 끝내 따르지 않는 두문동 72인의 한 분인 양근함씨로 조선에서는 관직을 받지 않았다. 마을은 45호 중 양근함씨 30호, 강릉최씨 10호의 동족촌락이다. 이곳은 나지막한 5개의 봉우리와 석호인 송지호에 의해 외부와 차단되어 한국전쟁과 화마를 피해 가서 전통이 그대로 보존되었다고 한다. 이 민속마을은 '2000년 국가민속문화재 제235호'로 지정되어 잘 보존되고 있다.

　이 마을의 가옥은 조선시대 함경도지방에서 하나의 용마루 아래에 방이 앞뒤 이중으로 배열된 겹집으로 '양통집'이라 한다. 남부지방의

한 겹으로 배열된 홑집과 차이가 크다. 양통(兩通)집은 '정주간'이 있는 관북지방(함경도) 겹집과 '봉당'이 있는 영동지방(강원도) 겹집으로 구분할 수 있다. 그래서 태백산지에 다수, 소백산지에도 소수 분포한다. 즉 삼척군 신리에 너와집과 굴피집이 겹집이고, 봉화군 분천리 도투마리집과 까치구멍집도 겹집이다. 이들은 학술적, 문화적, 역사적 가치를 인정받고 있다.

겹집의 평면을 보면 안방, 마루, 사랑방, 정지가 한 건물 안에 있다. 정지에는 가내 작업공간인 봉당과 특히 이곳에는 마당으로 돌출한 우사가 있다. 이것은 춥고 긴 겨울에 봉당에서 일을 할 때 가축도 함께 부엌의 여열(餘熱)을 이용·보온하기 위해서이다. 그래서 초가에는 부엌에 연기가 빠지는 까치구멍과 와가에는 벽에 환기구멍을 뚫어두었다. 그리고 담장과 대문이 없이 넓은 마당은 완전히 개방되어 있는 것이 특징이다. 이러한 가옥을 '외양간 돌출 곡가(ㄱ자)형 겹집'이라 부른다.

가옥의 외관을 보면 몸채는 거의 팔작지붕으로 동일하다. 그래서 곡가형(曲家型)으로 돌출한 외양간지붕형에 의해서 가옥을 쉽게 분류할 수 있다. 와가는 외양간이 우진각지붕 3동, 맞배지붕 2동, 팔작지붕 8동, 외쪽지붕 10동 등 4종류가 있다. 초가는 볏짚이 용마루에서 외양간까지 이어져서 내리는 내림지붕 5동만이 있어 마을 전체가 지붕의 전시장처럼 다양하다.

외양간이 우진각지붕은 함전평, 함형진, 함향자 가옥이 있고, 맞배지붕은 함용균, 최무성 가옥이 있다. 이들 가옥의 평면은 마을에서 가장 많은 겹집의 표준형으로 부엌과 봉당이 넓고, 우사도 농기구를 보관하는 다락이 있어서 2층 구조이다. 외양간이 팔작지붕은 함형찬, 함대균, 최종복 외 5명 가옥이 있는데 왕곡마을에서 규모가 가장 큰 겹집들이다. 특히 「함형찬」 가옥은 몸채 오른쪽의 사랑방, 윗방, 도장이 일부 3겹으로 배열되고, 정지에는 뒤주가 2개나 있다. 또 몸채 밖에도 방앗간, 곳간, 고방 등 3동의 건물이 있는 것으로 보아 부농의 가옥구조이다.

외양간이 외쪽지붕은 함정균, 함세균, 최방웅 외 7명의 가옥이 있는데 우사지붕의 경사면을 몸채의 지붕에 덧붙여 이 지방에서는 외쪽지붕이라 부른다. 정지에는 '고질'이라는 사료 저장고가 있다. 동형의 「함치균」 가옥 지붕 재료는 이 마을의 유일한 점판암이다. 초가는 외양간까지 연속된 내림지붕인 김세정, 이수협, 함형율 외 2명의 가옥이 있는데 이들 가옥은 그 규모가 작아서 아담하고, 마루는 토상(土床)이다. 마을에서 가난하거나 소농의 가옥이다.

이웃 죽왕면 삼포리 「어명기」 가옥은 겹겹집 또는 3겹집이라 한다. 1500년대에 건축하여 소실된 것을 「어태준」이 영조 26년(1750)에 옛 모습대로 복원하였다. 이 가옥은 함경도의 영향을 받은 영동지방 겹집으로 국가민속문화재 131호로 지정되었다. 규모가 큰 부농가옥이어서 1946년 북한의 인민위원회 사무실로 한국전쟁 때는 한국군 제1 군단사령부 병원으로 사용되었다. 이 가옥 특징은 안방, 윗방은 지붕과 천장 사이에 '더그매'라는 공간을 두어 찬 공기를 막고 물건의 보관 장소로 활용하였다. 또 부엌 내에 하인이 거처하는 '모방'

과 곡식을 저장할 수 있는 '뒤주'를 붙박이로 지은 부유층 가옥구조를 원형대로 보존하고 있다. 부속 건물로는 디딜방앗간, 행랑채, 헛간 등이 있다.

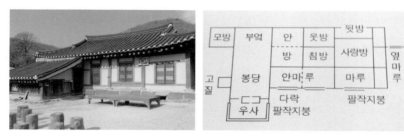

5-1 함정균 외쪽지붕 가옥 / 5-2 어명기 가옥 평면도 / 5-3 어명기 팔작지붕 가옥

아산 외암 1
: 호락논쟁

　외암 「이간(1677~1727)」 공은 6대조 이사종이 16세기 초 외암마을 평택진씨의 참봉 진한평의 맏사위가 되면서 이 마을은 예안이씨 온양파의 500년 세거지로 자연스럽게 바뀌었다. 이간 공은 권상하의 문인이고 아산시의 역사적인 인물로서 숙종 조(1716)에 출사하여 세자시강원 자의, 회덕 현감, 경연관을 지냈다. 그러나 벼슬을 일찍 버리고 주로 향리에서 지내며 31세에 외암정사를 건립하여 도학을 강론하며 후학을 가르쳤다. 공의 증조부는 첨지중추부사, 조부는 전라도 수군절도사, 양부는 부호군, 생부는 군수 등 4대 벼슬이 이어졌다. 가문에 11명의 생원, 진사 등 많은 과거 급제자를 배출하였다.

　수암 「권상하(1641~1721)」는 회니시비(懷德尼山 是非), 즉 송시

열(회덕)과 윤증(니산)의 묘비문 시비가 노론과 소론으로 분파의 계기가 된 후 권상하는 노론의 적통을 계승하였다. 그는 충북 제천시 한수면 황강리에서 사헌부 집의 「권격」의 아들로 태어났다. 현종 1년 진사, 찬선, 호조참판이 되었고 그 후 이조판서, 우의정, 좌의정을 제수받았으나 관직을 단념하고 청풍 한수재에서 학문연구와 후학양성에 힘을 쏟았다. 송시열이 사사되기 직전 권상하는 광양에서부터 정읍까지 육로 도보 수행하였다. 이곳에서 권상하가 들어가 결별의 인사를 하자 송시열은 권상하의 손을 잡고 항상 '곧을 직'을 행실의 사표로 삼을 것을 유언하였다. 그는 스승의 유언을 받들어 화양동에 만동묘(萬東廟)를 세워 이미 망한 명나라의 「신종」에 대한 제사를 지냈다.

수암 공의 제자 강문팔학사는 황강리 문하의 여덟 선비라는 뜻인데 한원진, 이간, 윤봉구, 최징후, 성만징, 현상벽, 채지홍, 한홍조 등이다. 단연 두각을 나타낸 인물은 남당 「한원진」과 외암 「이간」이었다. 당시 강문팔학사는 인간과 동물의 차이를 두고 논의를 남당이 주도하였는데 늦게 나타난 외암이 남당의 의견에 의문점을 제기하면서 생긴다. 이간 공은 오늘날 젊은이가 애완견을 색동옷 입혀 안고 다니면서 정을 주고 키스하는 것을 예상한 이론인 듯하다.

이간은 기호학파 중 인물성동이론(人物性同異論)에서 낙론(洛論)파 중심인물로 인물성 동(同)을 주장하여 인물성 이(異)를 주장하는 호론(湖論)파의 중심인물 한원진과 대립하였다. 그는 낙론을 대표하여 호락논쟁(湖洛論爭)의 단초를 열었는데 전자 이간 공을 찬동하는 사람은 이재(대재학), 박필주(이조판서), 어유봉(승지) 등은 낙하(洛河), 즉 경기나 서울에 살아서 낙론(洛論) 내지는 낙학(洛學)이라 칭하고, 후자 한원진 공(경연관)을 찬동하는 사람은 윤봉구(대사헌), 최징후, 채지홍(부여 현감) 등은 호서(湖西)에 살아서 호론(湖論) 또는 호학(湖學)이라 칭하게 되었다.

논쟁은 성리학에 내재한 모순을 둘러싼 논쟁으로 그 초점은 인성(人性 : 사람)에 있는 인의예지신(仁義禮智信), 즉 '오상'(五常)이 물성(物性 : 금수)도 가지느냐 못 가지느냐 문제, 사람의 희로애락이 일어나지 않은 마음의 본질 안에 '기질'(氣質)의 선악 유무에 관한 문제이다. 낙론은 오상이 사람과 동물이 동(同)하고 기질은 이(異)하여 본성의 선함을 중시하였다. 호론은 그 반대이고 더 나아가 기질의 발현을 중시하였는데 호란 이후 청나라를 오랑캐로 보고 금수로 간주하는 함의가 있었다.

인성(人性)과 물성(物性)의 근본이 동(同) 또는 이(異)에 대한 호락논쟁이 1709년(숙종 35) 시작하여 200여 년 지속되어 조선 성리학사에서 찬란히 빛나고 있으며, 스승 권상하가 호론을 지지하면서 사제관계를 떠나 학술적인 논쟁을 넘어서서 기호학파는 호론파와 낙론파로 분당하는 조선 후기의 뜨거운 감자였다. 이간 공의 인물성 동론은 인물 균론(人物均論)으로 발전하여 실학의 일파인 담원 홍대용과 연암 박지원, 초정 박재가 등 북학파 형성에 영향을 주게 되어 전통적인 '화이론(華夷論 : 명 존경, 청 배척)'과 '명분론' 극복의 기반이 되었다. 그리하여 '실용론'으로 청조의 선진 문명과 우수한 기술을 적극적으로 수용하여 조선 후기 사회체제의 모순을 계획하고자 하는 혁파논리의 기조가 되었던 것으로 평가된다.

6-1 외암마을 입구 / 6-2 돌담길

7

아산 외암 2
: 민속마을

송악면 외암마을은 설화산(441m)을 주산으로 좌우로 산줄기가 벋어 있어서 북현무(後玄武), 남주작(前朱雀)이 우세한 형세인데 마을은 회룡고조(回龍顧祖)형으로 용이 제 몸을 휘감아 꼬리를 보이는 형국이라 한다. 아담한 초가와 기와집이 충청도 양반집의 전통적 가옥양식을 그대로 보존하고 있는 예안이씨 동족촌락이다. 마을 입구에 장승과 열녀문, 물레방아, 디딜방아가 보존되어 있다. 숙종 때 이간공이 세워 강학하던 외암정사는 추사 김정희가 쓴 觀善栽(관선재)라는 편액이 있어서 관선재로 더 알려져 있다. 마을 앞 개천 바닥과 곡벽이 일부 암반인데 巍岩洞天(외암동천), 東華水石(동화수석)이라는 글을 새겨두어 고풍스러운 멋을 내고 있다.

외암마을은 돌담길, 고택, 정원이 이 전통마을의 3요소이다. 마을 내 돌담은 자연미를 살리기 위하여 막돌 흙은 쌓기식 돌담길(5.3km)인데 군위군 한밤마을과 함께 우리나라에서 가장 아름다운 고샅길이다. 항상 사랑하는 임에게 자신의 고운 모습을 보여주고자 떨어지기 전에는 시들지 않는다는 능소화가 돌담을 감아서 이 마을을 상징하는 담장이 되었다. 또 설화산의 물을 끌어와 '돌담길'을 따라 물길을 만들었고 이 물로 집집마다 특색 있는 '정원'을 꾸미며서 운치가 살아 숨쉬는 마을이 되었다. 마을 앞에는 넓은 연못을 만들어서 이곳에서 자라는 수련과 마을 북쪽의 울창한 소나무 숲을 배경으로 보면 마을의 그림은 한 폭의 동양화이다. 지금도 많은 건축가와 조경전문가가 이 땅에서 가장 아름다운 마을로 격찬하고 있다. 그래서 잘 알려진 드라마 SBS 〈야인시대〉와 〈임꺽정〉, KBS 〈찬란한 여명〉, 영화는 〈취화선〉과 〈태극기 휘날리며〉 등의 촬영장이 되었나 보다!

2001년 아산 외암마을은 국가민속문화재 236호로 지정하고 조선 선비문화의 산실로 조성키 위하여 외암 기념관을 건립하고, 외암사상 연구소를 이전해 왔다. 또 총 사업비 120억 원을 들여 조선시대 저잣거리 2만 평을 조성하였다. '저잣거리'에는 조선시대 생활과 모습을 직접 체험할 수 있는 독특한 공간으로써 고옥을 짓고 장터가 조성되었다. 장터에는 10여 가지 음식이 있는 코너, 농산물을 판매하는 난전, 전통민속 공연장, 농촌활동 체험장 등으로 관광가치를 극대화시키고자 하였다.

외암마을에는 전통한옥이 60여 동 있는데 그중 상류층 10여 동은 충남이 자랑하는 고택이다. '건재고택'은 외암 이간의 5대손으로 영암 군수를 지낸 「이상익(1848~1897)」이 다시 지은 가옥인데 건재는 그 의 아들 「이욱열」의 호이다. 숙종 때 외암이 태어난 곳도 바로 이 집 의 구택이다. 안채지붕은 한쪽 끝은 팔작지붕이고, 다른 쪽은 맞배지 붕으로 충청도 상류가옥의 특색을 보여주고 있다. 또 몸채 대청에 감 실을 모신 것이 경상도 반가에서 사랑채 샛방에 모신 풍속과 대조된 다. 특히 사랑채(雪山莊)의 기둥마다 붙어 있는 주련과 현판들이 추사 의 진묵으로 가득 찬 친필을 처가인 이곳에 남겨두었다. 사랑 좌측은 설화산 명당수를 사랑마당까지 끌어와서 연못을 만들고, 우측 노송과 수석의 조화로운 조경은 '아름다운 정원 100선'이라 한다.

'참판댁'은 이조참판을 지낸 퇴호 「이정열(1865~1950)」의 가옥이 다. 그의 할머니가 민비의 이모로서 명성황후로부터 각별한 은총을 받았고, 이 가옥도 고종 황제의 하사로 건축되었으며 건재고택과 동 형의 트인 ㅁ자형 가옥이다. 사랑채 마루는 4분합 들문이고, 정(井) 자 세살창이 반가의 품위를 보여준다. 이곳 현판 希聖堂(희성당)이 란 글씨는 한말 수구파 유학자 간재 전우(田愚)가 썼고, 退湖居士(퇴 호거사)라는 사호는 9세의 영친왕이 직접 쓴 편액을 하사받은 것이 다. 보답으로 대대로 내려온 가양주인 연엽주(蓮葉酒)를 고종 황제 에게 진상하기도 하였다. 연잎과 솔잎, 누룩과 찹쌀로 만든 13%의 청주로서 1990년 충남 무형문화재 11호로 선정되었다.
송화군수를 지낸 이장현의 고택인 송화댁, 구한말 성균관 교수를 지낸 이용구의 집인 교수댁, 이 두 가옥은 중부형 맞곱패(ㄴㄱ) 가옥이다. 외암의 종손이 살고 있는 ㄱ자형 종가댁, 남부 二자형인 참봉댁, 그 외 병사댁(신창댁), 감찰댁 등은 고옥으로 한옥체험 숙박을 하고 있다.

7-1 참판댁 사랑 / 7-2 저잣거리

8

계룡 두계리
: 김장생

　사계 「김장생」의 스승 구봉 「송익필」은 예학(禮學)의 창시자로서 인간 본성의 선(善)을 회복하는 실천방법으로 예절 외에 거짓됨이 없는 바른 행동, 직(直)에 관한 공부를 강조하였다. 그는 평생 直을 생활철학으로 삼아 직심(直心), 직언(直言), 직행(直行)의 3직을 실천하였다. 당시 이러한 예학이 성행했던 이유는 임진왜란과 병자호란의 결과 기존의 사회질서, 가치와 윤리의식이 혼란에 빠지게 된 것이다.

　사계 김장생(1548~1631)은 율곡의 이학(理學)과 구봉의 예학(禮學)사상을 계승, 그동안 의식으로 머물러 오던 예를 《가례집람》 8권과 《상례비요》 4권을 저술, 학문적으로 정립시킴으로써 예송논쟁의 단초를 제공하게 되었다. 사계 선생은 "인간이 어질고 바른 마음으로 서로 도와 가며 살아갈 수 있도록 개개인의 생활방식을 구체적으로 규정하는 질서를 예(禮)"라 하였다. 이러한 그의 예학사상은 조선 후기 정치와 사회에 큰 영향을 준 '영원한 선비'로서 제자인 아들 김집, 송시열, 송준길, 이유태 등 당대 기호학의 주축들이다. 아들 김집과는 함께 부자가 문묘에 배향되는 영예를 얻었다.

신독재「김집(1574~1656)」은 선조, 광해군, 인조 때 서인 및 산림의 당수이었고, 청음 김상헌과 함께 북벌을 주창하였다. 그는 18세 진사시 2등에 급제하고, 산림의 천거로 동·우부승지, 예조참판, 대사헌 등을 잠깐씩 역임하였다. 가정적으로는 예학의 상징 가문인 광산김씨로서 어머니가 김종서의 7세 손녀이고, 부인은 율곡의 서녀이다. 광성부원군「김만기(숙종의 정비 인경왕후 부)」와 고대 소설《구운몽》, 한글 소설《사씨남정기》를 지은「김만중」두 형제가 종손자(사계의 증손자)이고, 1680년 어영대장으로 경신대출척에서 남인 숙청의 선봉장을 한 김익훈은 조카이고, 김수환 추기경의 9대조가 된다.

사계고택(沙溪古宅)은 계룡시 두마면 두계리에 있는데 사계는 서울에서 태어나서 말년에 고향에 내려와 살면서 1602년에 건립했다. 약 3,000여 평의 대지에 안채, 사랑채, 곳간채, 광채, 문간채, 행랑채, 영당, 별당 등 10여 동이 일곽을 이루고 원래의 모습을 비교적 잘 유지하고 있다. 사랑채의 당호 은농재(隱農齋)는 사계 7대손「김덕」호인데 사계고택을 대표하는 당호이기도 하다. 평면은 ─자에 우진각지붕으로서 고택의 상징적 건물로 단아하고 수수한 자태를 보인다. 안채는 ㄱ자 정침과 ㄷ자 안 사랑채가 합친 ㅌ인 ㅁ자 평면으로 유일한 팔작지붕이다. 안채와 사랑채 간에는 중문과 소각문이 있어서 남녀생활공간을 엄격히 구분하는 반가의 구조이다. 특히 뒤뜰 언덕의 영당은 영정을 모신 사당인데 1631년 사계의 시신을 78일간 모신 후 진잠면 성북산에 안장하여 예학의례의 모범을 보였다.

대문채는 3정승, 6판서, 7명의 대제학을 배출한 대문으로 솟을대문이 아닌 낮은 평대문이란 것이 인상적이고 '沙溪古宅(사계고택)'이란 편액이 걸려 있다. 예서, 해서, 행서, 초서, 전서 등 5서에 능하여 조선 근·현대 서예 사상 최고의 대가로 평가받는 여초 「김응현」의 문화재급 글씨가 빛이 난다. 담장 밖 정원에는 별당, 연못, 육각정이 조화를 이루고 봄이면 이곳에 사계고택의 상징인 붉은 영산홍(연산홍)이 만개한다.

계룡시에서는 이 고택을 어떻게 자랑할까? 2017년 '별빛이 내리는 밤'의 제하에서 인문·음악회를 열었다. 1부 조선 당쟁을 어떻게 볼 것인가라는 수준 높은 인문학 강좌가 있었고, 2부 음악회는 태평무(김성영 교수), 아쟁산조(조성재), 남도민요(한유리), 부채산조(조경아) 등 희가원 전통예술단의 한마당을 선사하여 가을밤의 고즈넉한 고택의 정취를 흠뻑 취하게 했다.

1990년대 육·해·공군본부가 있는 계룡대가 계룡시 신도안면에 창설하기 전에는 논산군 두마면의 조용한 시골의 한촌이었으나 지금은 이 고택 주변이 4~6차선의 도로와 아파트 숲 등으로 도심 속에 갇혀 사는 느낌이다. 10년이면 강산도 변하고 천지개벽이 일어난

다는 곳이 바로 여기가 아닌가! 그러나 봄날 고택의 정원에 영산홍이
만개해서 고택의 기와지붕과 어우러지면 예학의 산실을 보존하려는
온고이지신의 정신이 깃든듯하다.

8-1 내당 뒤 영당/ 8-2 사계고택의 대문

대덕 송촌 1
: 송준길

　대덕구 송촌동은 은진송씨들이 모여 살아서 붙여진 마을 이름이다. 1935년 대전과 회덕을 합하면서 한 자씩 따와 대덕구가 되었다. 대전은 오랫동안 공주의 속현이었던 진잠 · 회덕 · 유성 3개 현이 접하는 변두리 지역으로 현재의 대덕구 중리동, 가양동, 송촌동이다. 그래서 송씨들의 고향은 당시는 오곡이 풍성한 촌락이었으나 대전이 커지면서 아파트단지 속에 명품 공원화 사업으로 탄생한 '동춘당 공원'이 그 중심이다.

　회덕을 대표하는 인물로는 동춘당 「송준길(1606~1672)」과 우암 「송시열(1607~1689)」을 양송(兩宋)이라 한다. 동춘당과 우암은 형제처럼 가까우나 실제는 13촌 숙질간이고, 우암은 8세 시 부유한 송준길 집에서 기거하면서 사계 김장생(동춘당 외오촌)과 신독재 김집 부자에게 두 사람이 함께 사사 받았다. 벼슬길은 현종의 즉위 직후 김집이 이조판서가 되면서 동춘당은 집의에 올랐고 그 후 병조판서, 우참찬이 되었다. 그는 우암과 함께 북벌계획에 참여하였고, 청나라에 북벌계획을 알려준 인조의 반정공신 김자점, 원두표 일파를 숙청, 몰락시켰다. 송준길은 딸의 딸이 인경왕후 사후 숙종의 계비 인현왕후가 됨으로써 왕비의 외조부가 되었다. 그러나 그녀는 후궁「장희빈」에 의하여 쫓겨났다가 복위된 비운의 왕비이다.

'동춘고택'은 송준길의 5대조 송요년이 15세기 후반에 건축하였는데 몸채는 ㄷ자이고, 사랑채 一자가 되어 튼 ㅁ자 평면이다. 동측에 가묘와 별묘가 있고, 남측에 떨어져 후학을 강학하기 위하여 1643년 정면 3칸, 측면 2칸의 간소한 별당을 건축하였다. 이 건물이 보물 209호인 同春堂(동춘당)인데 현판은 우암의 글씨로서 그의 아호이기도 하다. 그래서 아파트 속에서 소나무, 배롱나무, 팽나무가 어우러져 조선 중기의 단아한 선비가옥의 분위기를 잘 나타낸다.

'소대헌·호연재고택(현재 송용억 가옥)'은 동춘당의 우측에 있는데 동춘당의 둘째 손자 충주목사를 지낸「송병하」가 분가하여 11대 손까지 살아온 집이다. 대문에 들어서면 왼편의 큰사랑채 당호인 小大軒(소대헌), 즉 송병하의 아들 광주목사「송요하」의 호이고, 오른편의 작은사랑채의 당호인 寤宿軒(오숙헌), 즉 송요하의 아들 보은현감「송익흠」의 호이다. 안채 浩然齋(호연재)는 ㄱ자형 평면의 중부지방 대가옥으로 송요하의 부인 안동김씨(1681~1722)가 거주한 내당의 당호이고, 또 그녀의 아호이다.

호연재는 소대헌 · 호연재 부부뿐만 아니라 10대에 걸친 200년간 생활일기가 오롯이 전해져 온 고전문학의 보물 창고이다. 지금은 '선비박물관'을 지어서 옮겨놓았는데 조사자가 이곳을 보고 숨이 멎었다고 한다. 그는 여류문인으로 여성 특유의 감성을 담은 한시《산심》등 238수와 여성 교훈서《자경편》등을 남기고, 42세의 길지 않는 생을 이름도 남기지 못하고 마쳤다. 그녀는 병자호란 때 강화도 함락으로 화약에 불을 질러 분신 자결한 우의정 선원「김상용(청음 김상헌의 형)」의 현 손녀로서 당시 안동김씨와 은진송씨의 결혼은 영남학파(남인)와 기호학파(노론)의 화합의 상징으로 보였다. 호연재 김씨는 때로는 술과 담배로 고뇌를 잊고 선계(仙界)를 동경하여 선인(仙人)의 삶을 꿈꾸었다고 한다.

● **산심**(山深)

　"스스로 산이 깊고 속세 간섭하지 않음을 사랑하여/ 쓸쓸이 떨어지는 물과 구름 사이에 문을 닫고 있네!/ 황정경 읽기를 마치니 한가하고 일이 없어/ 손으로 거문고를 희롱하니/ 춤추는 학도 한가한 듯 하네"

동춘당 공원은 1만 7천 평의 넓은 면적에 품격 높은 조경이 돋보인다. 우리나라 고유의 자산홍과 소나무들 속에 한반도 지형의 연못, 호연재 김씨의 시비 등의 조형물은 아파트 빌딩 속에서도 조화로움을 이끌어 내어 주민의 휴식공간으로 사랑을 받고 있다. 대전시대덕구에서는 매년 '동춘당 문화재'를 개최하여 숭모제례를 시작으로 극단 우금치의 동춘당 서사극, 문정공 봉송행렬 재현, 전통혼례 등 역사와 문화가 살아 숨 쉬는 공간으로써 옛 회덕인의 자부심을 키워 준다.

9-1 동춘당 / 9-2 호연재 시비

대덕 송촌 2
:송시열

중국 송나라에 주자(朱子)가 있었다면, 조선에는 송자(宋子)가 있다. 정조대왕은 증조부 숙종으로부터 사약을 받은 우암 「송시열 (1607~1689)」을 송자라 하고, 내탕금을 지원하여 《송자대전》 215권 102책을 간행하였다. 기호학파 율곡 이이의 학통은 사계 김장생-신독재 김집-우암 송시열·동춘당 송준길-수암 권상하-남당 한원진으로 이어졌으며 우암에 와서 명재 윤증의 소론과 우암 송시열의 노론으로 분파되었다.

우암은 정통 성리학자로서 주자의 학설을 전적으로 신봉하고, 실천하는 것을 평생의 사업으로 삼았으며 심오한 동양철학의 체계를 정립한 역사적 인물이다. 그러나 자기와 생각이 다른 인물은 무조건 배척하는 외골수로 많은 정적들을 만들어서 논란의 중심에 서게되어 왕조실록에 3,000번 이상 오른 유일한 인물이 되었다. 우암은 1633년 주화파 「최명길」의 천거에 의해 출사, 1635년 고산 윤선도와 함께 봉림대군의 사부가 되었다. 효종이 등극하자 이조판서, 우의정, 좌의정 등을 역임하였다. 그는 제1차 예송논쟁(기해예송)에서 남인의 3년 설을 1년 설로 누르고 승리하여 서인의 영수가 되었다.

우암의 사회사상은 양민들의 군비 부담을 줄이는 호포제 실시, 양반의 노비증식을 억제하는 노비종모법, 양민생활의 안정을 위한 대동법 확대실시, 서북지방 인재 등용, 서얼의 허통, 양반 부녀자의 개가 허용 등을 주장하였다. 우암은 무엇보다 북벌계획의 중심인물로서 효종에게 북벌론 13개 조 개혁안을 제안하였으나 극히 이념적이고 원론적인 것으로서 실제적인 대책은 아니었다. 그 후 1689년 장희빈의 아들 「균」의 세자책봉을 격렬히 반대하여 숙종의 미움을 사서 제주도에 귀양 가게 된다. 이후 국문을 위하여 압송 중 정읍에서 사약을 받고 세상을 떠났다.

말년에 정계를 은퇴한 후 충북 괴산군 화양계곡에 들어가서 학문을 닦고 제자를 가르쳤다. 이 계곡은 기암괴석으로 이루어진 절경이 9곡이나 되어 '화양 9곡', '화양동 소금강'이라 불렀다. 우암은 이곳이 중국의 '무이 구곡'을 닮았다 하여 9곡의 이름을 붙였다(1 경천벽 2 운영담 3 읍궁암 4 금사담 5 첨성대 6 능운대 7 와룡암 8 학소대 9 파천). 그중 가장 경관이 수려한 제4곡 금사담 암석 위에 암서재라는 이름의 사당을 짓고 여기서 시를 읊었다.

○ **암서재**(巖棲齋)**와 금사담**(金沙潭)

"물가 절벽에 열린 곳 그 사이에 암서재를 지어놓고/ 조용히 앉아서 성현의 글을 찾아보나니/ 때로 자주 자주 오르고 싶어라/ 푸른 물은 성난 듯 소리쳐 흐르고 청산은 찡그린 듯 말이 없구나/~~~"

우암의 고옥이 있었던 곳은 대전역 부근의 당시 별당인 '기국정'이 있었던 곳인데 현재 동구 소제동으로 판명되었으나 조선시대 역적의 집안이 그러하듯이 생가도 없고, 마을도 없어져서 동춘당 후손의 화려한 고택에 비교하면 허무하기 짝이 없다. 더욱이 우암의 끊어진 적장자 후손을 잇기 위하여 7대 연속 양자를 세웠다고 한다. 당시 소제동에 가보니 골목길 속에 '우암 생가'를 복원시켜 놓았는데 아주 작은 대지에 ㄷ자형의 옹색한 가옥으로 먼 일가인 「송영관」이 10년째 관리하고 있었다.

대전시는 우암이 숙종 9년 후학을 가르치던 가양동에 유물관, 장판각, 이직당, 명숙각, 덕포루 등을 1.6만 평에 건축하여 1998년 '우암 사적 공원'을 새롭게 탄생시켰다. 이 공원의 상징인 남간정사(南澗精舍)는 대청 밑으로 계곡물이 흘러서 300여 년 전 우암의 운치를 알게 해주는 독특한 구조이다. 옆에는 소제동에서 건축미가 뛰어난 기국정(杞菊亭)을 옮겨와서 주위에 구기자와 국화를 심어놓고 과거와 현재가 공존하는 멋스러움을 연출하였다. 현재 대전시는 그의 위업을 기념하기 위하여 우암 사적 공원 일원에서 매년 '우암 문화재'

를 개최하고 우암 백일장을 열어서 우암의 정신과 사상, 학문과 예술 등을 홍보하고 추모하고 있다.

10-1 남간정사 / 10-2 기국정

논산 교촌리
: 윤증

태조 이성계와 함께 조선의 도읍지를 보기 위해 온 무학대사는 계룡산을 보고 금계포란형(金鷄抱卵形)이고, 비룡승천형(飛龍昇天形)이라 하여 그 뒤부터 이름을 각 한 자씩 취하여 계룡산(鷄龍山)이라 했다. 이 계룡산의 남쪽 끝자락에 니산(尼山)을 배산(背山)으로 노성향교와 나란히 자리 잡은 명재고택은 옥녀탄금형(玉女彈琴形)의 명당이라 한다. 계룡산의 지맥이 논산들로 내려올 때 노성산(350m)을 지나는데 이들 크고 작은 둥글한 봉우리가 옥녀봉들이다. 전면에는 비산비야(非山非野)의 평평한 언덕들이 전라남도 장성까지 이어진다고 보는 사람도 있다.

노성면 교촌리는 파평윤씨 노종파의 집성촌락으로 총 109호 중

30호(2015)가 윤씨이다. 숙종 때부터 명재「윤증」선생의 후손들이 세거해 온 마을이다. '명재고택'은 노성읍의 상징적 중심이 되고 있다. 동학혁명과 한국전쟁을 통하여 소실될 뻔한 위기를 이 가족에 은혜를 입은 사람의 덕분에 모면할 수 있었다고 한다. 그래서 '한국 전통가옥 Top 10' 선정에서 강릉의 선교장 다음으로 제2위를 한 전통고가로서 참으로 우아하면서도 단아한 품위를 간직하여 외국에도 자랑할 수 있는 아름다운 고택이다.

가옥은 조선 숙종 시 처음 지은 것을 여러 차례 중수하였다. 안채는 ㄷ자, 사랑채 ─자가 합쳐 전체가 거의 ㅁ자의 평면을 이룬다. 안채는 대청이 5칸으로 전국에서도 가장 넓은 마루이나 윗방과 건넌방이 1칸씩 점유하고 백제의 유습인 쌍 부엌이 있다. 그래서 안채는 여성들의 가사활동을 배려한 편리한 공간구조로 평가되고 있다. 사랑채는 팔작지붕 추녀가 올라가고 처마의 2중 곡선이 뚜렷하여 날아갈 듯 경쾌하다. 특히 건넌방 밑에 함실아궁이는 어느 한옥에도 볼 수 없는 높은 누마루와 조화를 이룬다. 창호가 예쁜 고상마루에는 離隱時舍(이은시사)란 편액이 걸려 있는데 '세상을 살면서 떠날 때와 머무를 때를 아는 사람이 사는 집'이라는 뜻이다.

사랑의 뜰 좌측에는 작은 샘이 있고, 그 앞에는 방지원도(方池圓島), 즉 장방형의 연못 안 원형의 섬에 자그마한 석가산(石假山)을 만들고 백일홍을 심었다. 이곳은 고택과 함께 300년의 세월을 보낸 이 배롱나무가 붉은 꽃이 흐드러지게 피는 여름이면 운치를 더한다. 또 사랑 동편 양지바른 곳에는 가문에 전해 내려오는 '장류'를 상품화하여 지역특산물로 양산키 위한 장엄한 장독대가 400년의 느티나무와 함께 진풍경을 이룬다. 그래서 연못 속의 배롱나무의 붉은 꽃과 뒤뜰의 대규모의 장독대가 명재고택의 상징이 되고 있다.

명재 윤증(1629~1714)은 조선 후기의 학자요 정치인이며 사상가이다. 그는 대사간「윤황」의 손자이고 미촌「윤선거」의 아들이며 김집, 송준길, 송시열의 문인이다. 윤증은 스승 송시열에게 부 윤선거의 묘갈명을 부탁하였으나 우암은 병자호란 시 강화도가 청군에 함락되자 어머니와 아내는 순절을 지키기 위하여 자결하였는데 윤선거가 마부로 변장, 피신한 지난날의 허물을 들먹이면서 높게 평가해 주지 않았다. 갈등이 깊어지자 우암의 '대명(大明) 의리론'을 따르는 노론과 윤증의 '실리적인 면'을 따르는 소론으로 갈라서게 된 후 윤증은 소론의 영수가 된다. 윤증의 문인으로 영의정을 8번이나 한 소론 당수 명곡「최석정」은 병자호란 시 주화파 최명길의 손자이다. 그 후 소론들은 영잉군(영조)을 지지하는 노론을 꺾고 세자 균이 제20대 경종으로 등극하는 데 1등 공신이 되었다. 그러나 재위 4년 만에 경종이 죽고, 세제인 영조가 즉위하자 소론의 영화는 일장춘몽이었다.

윤증은 과거에 합격하지 않고, 숙종 즉위 후 천거에 의하여 호조참의, 대사헌, 우참찬, 좌찬성, 우의정 등 20번이나 왕의 부름을 받았으나 벼슬을 한다는 것은 어머니의 순절에 대한 보답이 아니다 하며 출사치 않았다. 그래서 세상 사람들은 그를 '백의정승' 또는 '백의재상'이라 불렀다. 요즈음「추미애」법무부 장관과 검찰총장「윤석열」의 갈등으로 국민의 시선이 집중되고 있는데 윤석열은 청백리 윤증의 후손으로 국민을 실망시키지 않으리라 기대들 하고 있다.

11-1 사랑채 / 11-2 장독대

남원 수지
: 홈실마을

두문동(杜門洞) 72현인의 성명이 현재 모두 전하지는 않는다. 그러나 임선미, 조의생, 성사제, 박문수, 민안부, 김충환, 이의 등 7명의 성명만 전한다. 이들은 고려가 무너지고 조선이 건국되자 72인 모두 두문동에 들어와서 마을의 동·서쪽에 문을 세우고, 빗장을 걸고서 문밖으로 나가지 않은 것은 물론 달래기 위해 주는 벼슬도 거절하였다. 두문동은 경기도 개풍군 광덕면 광덕산 서쪽 기슭에 있던 옛 지명이다.

송암「박문수(朴門壽)」는 72현의 한 사람으로서 1353년(공민왕 2)에 급제하여 벼슬이 가정대부찬성사, 우정승, 국자감의 수장에 이르렀으며 일직이 포은「정몽주」목은「이색」과 함께 3노(三老)로 불릴 만큼 존경받는 인물이었다. 박문수는 두문동으로 들어가기 전 부인 김씨에게 고려를 섬겨온 충신 가문 자손이 죽임을 당하는 것은 당연하지만, 부인만은 고향 남원 초리방으로 내려가 조상의 제사를 받들도록 부탁하였다. 그 후 손자 「박자양」 공이 전라도 관찰사로 부임하면서부터 홈실에 정착하였고 지금은 80호 중 70호가 죽산박씨인 동족촌락으로 번창하였다.

남원시는 청정자연과 풍성한 문화유산을 자랑한다. 특히 조선시대 로맨스가 꽃핀 춘향전의 무대 광한루와 지리산 둘레길 개통으로 관광객이 급증하고 있는데 남원시가 최근 '남원의 숨은 보석 10선'을 발표했다. 첫머리에 오른 것이 **보석 몽심재**를 찾아가는 여행이라 했다. 수지면 호곡리 홈실은 지리산 노고단에서 내려오는 지맥이 견두산(원래 호두산)인데 이곳을 지리산 기운이 타고 내려와 몽심재 사랑채와 문간채 사이에 있는 큰 바위(主一巖)에 모인다고 한다. 이 바위가 개의 머리가 아닌 바로 호랑이 머리에 해당되어서 몽심재는 만석꾼 집이 되어 언제나 손님이 끊이지 않고, 가난한 이웃들에게 늘 베풀었다고 한다.

몽심재(국가민속문화재 149호)는 현 소유주 박인기 7대조 연당 「박동식(1753~1830)」 공이 지은 건물이다. 안채는 ㄷ자 몸채에 3칸 대청이 있고 사랑채는 一자형의 겹집이다. 전체적으로 중부지방 평면이나 쌍 부엌이 있다. 안채의 양 익사채의 전면은 삼각형의 쌍 박공지붕이고, 그 아래 2층은 모두 다용도 다락방이고, 1층은 모두 부엌이다. 오른쪽 다락방 창문 앞은 눈썹 난간을 덧붙여 멋을 내었다.

또 서측 익사채에 있는 큰 뒷마루가 큰방과 부엌의 기능을 효율화하여 실용성을 높였다. 사랑채는 마루 기둥 6개가 사각기둥도 아닌 주역의 8괘를 의미하는 팔각기둥으로 멋을 부렸다. 그래서 이 가옥은 서구식 외관의 박공지붕과 응접실 같은 뒷마루 기능 등은 당시로써 창의적인 건축양식이다. 현재 주거용이 아닌 원불교 건물로 이용되어 안타깝다.

'죽산박씨 종갓집'은 1841년(현종 7) 건축하였고, 박문수 후손이 대대로 살았으며 가옥의 평면형태와 구성이 몽심재와 거의 동일하다. 그러나 몽심재는 몸채 3칸 대청이 중부형인데 종가는 방 1칸 대청 2칸의 남부형이고 대청에는 2분합 들문이 있어서 마루방으로 쓸 수 있다. 특히 솟을대문에는 충신, 효자, 열녀가 태어났음을 알리는 三綱門(삼강문)이라는 편액이 걸려 있어서 조선 사대부가의 위용을 발한다.

'덕치리 초가'(도 문화재 35호)는 지리산 둘레길 1코스의 구룡폭포 인근 해발 550m의 지리산 중산간에 위치한 남원시 주천면 덕치리 회덕마을에 조선시대 민가의 특징이 잘 보존된 가옥으로 이곳에서는 '샛집' 또는 '구석집'이라 부른다. 지금도 자연인이 사는 듯하고, 숨겨둔 보물을 만난 듯 감동이 온다. 그래서인지 영화 〈분례기〉, 드라마 〈전설의 고향〉 촬영배경도 되었다. 1894년 「박창규」씨가 처음 건축하였으나 한국전쟁에 불타고 1951년 다시 지어서 지금 현재 「박인규」씨가 3대째 살고 있다. 이 구석집의 지붕은 30년을 견딘다는 참억새로서 볏짚보다 무거워 가옥의 틀부터 견고하고, 다우지역인 동남아시아처럼 물매가 급하여 지붕면이 아주 커 보인다. 안채, 사랑채, 고방채가 있는데 안채에 대청이 없고, 좁은 앞 툇마루 2칸만 있는 것을 볼 때 평민 내지는 서민의 가옥이다.

12-1 몽심재 / 12-2 덕치리 초가

고창 아산
: 꽃무릇·고인돌

    선운사는 봄에는 동백꽃과 벚꽃으로 가을에는 꽃무릇과 단풍으로
유명하다. '꽃무릇'은 꽃과 잎이 영원히 만나지 못하여 '상사화(相思
花)'라 한다. 상사화의 염원인지, 아니면 부처님의 가호인지 선운사
를 다녀온 연인은 절대 헤어지지 않는다고 한다. 또 헤어진 커플도
선운사를 다녀오면 다시 결합한다는 속설이 있다. 서로 만나지 못하
는 상사화의 한이 이 연인들을 꽁꽁 묶어둔 것인가? 옛날 스님이 이
루어질 수 없는 사랑을 하며 심은 풀이 상사화란 전설이 있듯이 한국
사찰에서 즐겨 키우는 꽃이다. 그래서 영광 불갑사, 함평 용천사와
함께 가을이면 붉은 피를 토하는 꽃무릇을 보러 구름 같은 인파가 절
을 찾는다. 꽃무릇은 초가을 9~10월 붉은 꽃을 피우고 잎은 꽃이 진

뒤 나온다. 상사화는 여름에 잎이 떨어진 뒤 7~8월 무리 지어 연분홍색 꽃을 피운다. 다만 꽃과 잎이 서로 못 만나는 것은 같지만 꽃무릇과 상사화는 엄연히 다른 꽃이다.

선운산(336m) 또는 도솔산은 호남의 내금강이라는 명산으로 도립 공원으로 지정되었고 이름 그대로 구름 속에서 선(禪)을 닦고, 도솔은 미륵불이 있는 천궁, 즉 불도를 닦는 산이다. 그래서 한때 선운사를 비롯하여 도솔암, 참당암, 석상암 등 89개 암자, 189개 요사, 3,000명의 승려가 있었던 장엄한 불국토이었다. 선운사 대웅전(보물 290호)은 신라 진흥왕 때 창건하였는데 처마의 단청과 법당의 천장화는 불화 예술의 최고경지를 보이고, 특히 대웅전을 정면에서 보면 다포계 건축의 특징인 공포를 부풀려 놓아 쇠서와 첨차가 눈앞을 막아서고, 비켜서 보면 맞배지붕 측면이 마치 목침의 토막처럼 보여 너무나 고풍스럽다 못해 신라시대에 되돌아온 착각을 일으킨다. 동불암지 마애여래 좌상(보물 1200호)은 고려시대 조각 불상인데 도솔암 오르는 길옆 40m 절벽에 지상 6m 높이에서 연꽃무늬를 새긴 받침돌 위에 앉아 있는 불상으로 네모진 얼굴이 다소 딱딱하지만 얼굴 전체가 파안적인 미소를 띤다.

공음면 학원관광농원은 서해를 바라보는 비산비야 지역인데 봄에는 '청보리' 여름에는 '해바라기' 가을에는 '메밀꽃'을 계속 심어서 사시사철 농촌풍경 추억을 엮어서 돋보이게 하고 있다. 국무총리를 지낸 백민「진의종」과 부인「이학」여사가 1960년대 야산 10만여 평(현재 30만 평)을 개간하여 농장을 조성하였고, 장남「진영호」씨가 귀농하여 보리를 대량으로 재배하면서 매년 4월 '청보리 축제'와 9월 '메밀꽃 잔치'를 개최하여 2004년 경관농업특구로 지정되었다. 언젠가 하늘을 향해 함박웃음 짓고 있는 우크라이나 광활한 해바라기밭을 보기 위해서 우리는 고창으로 달려갑시다.

고인돌 유적지는 고창군에 1,500여 기가 있고, 이곳 고창읍 죽림리와 도산리는 447기가 있다. 우리나라는 고창군, 화순군, 강화도 등에 세계의 고인돌 40%가 밀집하여 '고인돌 공화국'이라 불러도 손색이 없다. 고창 고인돌은 기원전 10세기경 청동기시대 장례를 위한 거석문화유적이고, 돌다리로 받친 북방의 '탁자식'이 아니고 받침돌이 잘 보이지 않는 남방의 '기반식'이 많다. 공원의 '모로모로 열차'를 타고 고인돌을 탐방하면 원시인의 세계에 온 느낌이다.

동리 「신재효(1812~1884)」 선생은 조선 말 정3품 통정대부에 이어서 가선대부가 되었고, 판소리 작가이자 이론가로서 고창읍성 부근 고택에 '노래청'을 두어 80여 명의 여자를 여류명창으로 길러내었다. 춘향가, 심청가, 박타령, 토끼타령, 적벽가 등 판소리 여섯 마당을 체계화하고, 판소리 창극화와 사설을 집대성하였다. 「김소희」는 심청가와 적벽가를 취입하여 소녀 명창의 이름을 얻었으며 외국에 진출하여 판소리 세계화에 기여하였다. 흥덕면 사포리에 있는 그녀의 생가를 찾는 열성 팬이 있으나 1995년 79세로 우리 곁을 떠났다. 예로부터 고창인은 신재효에서 김소희에 이르기까지 소리 한가락 못하는 사람이 없고 장단 못 맞추는 사람이 없다고 한다. 너무 강행하여 출출해진 나는 '표고버섯 덮밥'과 '복분자 술'에 안주로 '풍천장어'

를 곁들여 먹었더니 지금도 고창의 맛과 멋을 잊을 수 없다.

13-1 꽃무릇 / 13-2 학원관광농원 메밀꽃

·14·
고창 부안
: 인촌·미당

영남에 회재 「이언적」이 있다면 호남에 하서 「김인후」가 있다. 퇴계 선생은 성균관에서 하서와 친구로서 교유하였다고 적어놓았다. 인촌 「김성수(1891~1955)」는 문묘에 배향된 하서 김인후의 13대손이다. 인촌은 일제강점기에 경성방직 사장, 보성전문학교 교장, 광복 후에는 민주국민당 최고위원, 제2대 부통령을 지냈다. 인촌 기념회는 우리 근대사에 있어서 가장 암울했던 65년간의 세월을 살다간 민족의 선각자였고 겨레의 스승이라 하나 일제강점기의 행적으로 그 반대로 평가하는 사람도 많다. 동생 수당 「김연수」도 삼양사를 설립해 실업가로 우뚝 섰다. 또 김성수의 아들 김상만은 동아일보 회장이고, 김상흠은 국회의원이다. 김연수의 아들 김상협은 국무총리를 역임했다.

인촌 선생의 가문이 호남 제1의 명문가로 이름을 높일 수 있었던 것은 조상의 묘지와 집터를 잘 잡아서라고 울산김씨 스스로도 공공연하게 인정하고 있다. 때문에 전국의 풍수가들은 김성수 '생가'와 '묘지'를 답사하는 것이 필수적인 코스이다. 고창군 부안면 봉암리 생가의 양택은 주산인 시루봉 아래에서 땅 기운이 뭉쳐서 솟구치는 호남 제일의 북향명당(北向明堂)이다. 묘지인 음택은 증조부가 부안군 산내면 비룡승천혈(飛龍昇天穴), 증조모는 순창군 상치면 갈룡음수혈(渴龍飲水穴), 조부는 고창군 아산면에 꿩이 엎어져 있는 모양인 복치혈(伏雉穴) 등 명당을 찾아 멀고 가까움을 개의치 않고 **일 명당 일 묘**를 고수한 것이다.

인촌 생가는 곰소만 염전의 가장자리인데 옛날에는 배도 들어오고 소금을 쌓아두는 창고로써, 더운 남풍보다 찬 북풍이 불어야 소금이 녹지 않기 때문에 염고북풍형(鹽庫北風形)의 북향대문이고 북향대지가 되었다. 남북으로 긴 장방형의 대지 위에 큰집과 작은집이 앞뒤로 나란히 11동이 건립되어 있는 대저택이다. 특히 안채와 사랑채는 호남식의 전후·좌우 툇집이고, 안채의 작은방 문이 정면에 없는 것은 북풍을 차단하기 위하여 보통 후면에 있는 벽장을 반대로 전면에 배치했기 때문이다.

미당「서정주」시인의 아버지는 인촌가의 마름(대농가의 소작농 관리자)이었다. 인촌의 조부 김요협 공은 이곳의 거부 정계량의 고명딸과 혼인하여 천석지기 대농이 되었고, 누대로 살던 장성을 떠나 고창 봉암리 처가에 정착했다. 그래서 미당과 인촌의 두 가문은 상하(上下) 내지는 멀고도 가까운 가족 같은 인연으로 맺어졌다. 부안면 선운리 바닷가 진마마을은 미당 서정주(1915~2000)의 어려서 보낸 그의 시의 정신적인 고향이다. 현재 미당 생가는 초가로 복원하여 시인의 개구쟁이 시절을 담은 각종 조형물이 입구에서 탐방객을 반긴다.

● 국화(菊花) 옆에서

"한 송이 국화꽃을 피우기 위해/ 봄부터 소쩍새는 그렇게 울었나 보다/ 한 송이 국화꽃을 피우기 위해/ 천둥은 먹구름 속에서/ 또 그렇게 울었나 보다~~~"

이 시는 한국의 애송시 10선에 선정된 미당의 대표 시이다. 미당은 1936년 동아일보 신춘문예에 시 〈벽〉으로 등단하였고, 시집 《화사집》, 《귀촉도》, 《질마재의 신화》를 출간하였다. 시인 김광균, 김동리, 오장환과 함께 동인지 시인부락을 주재하면서 작품 활동을 하여 20세기 한국을 대표하는 시인이 되었다. 서정주는 초기에 악마적이며 원색적인 시풍으로 문단에 비상한 관심을 모았으며 그 후 심화된 정서와 세련된 시풍으로 민족적 정조와 선율을 읊어 많은 사람의 사랑을 받았다.

미당의 고향인 선운리 폐교된 선운초등 봉암분교에 미당 시 문학관이 세워져 매년 11월 '미당 문학제'를 개최하여 그를 추모하고 있다. 한국 최고의 시인으로 평가받는 미당 서정주의 천재성과 일생을 이곳 시 문학관에서 만나 볼 수 있는 곳이다. 그러나 일제강점기에 오장(伍長)을 찬양하는 '친일 송가(頌歌)' 등으로 지탄을 받았으나 해방 후는 순수문학의 기치를 내걸고 우익 성향의 문학 활동과 대학교수로서 후학도 양성하였다.

14-1 인촌가족 초상/ 14-2 미당 생가

15

담양 창평들 1
: 정자문화

담양은 죽녹원(竹綠苑)을 감싸고 있는 관방제림(官防堤林)의 벗나무와 떡버들 등 185그루의 고목(200~400년)과 '2002년 아름다운 거리 숲' 대상을 받은 메타세쿼이아 가로수 길이 새롭게 더하여 꿈의 낙원인가 착각이 든다. 이 아름다운 옛 창평들에 문인들은 면앙정, 송강정, 식영정, 환벽당 등 정자(亭子)를 세우고 16세기 한국의 가사문학의 르네상스를 선도해 나갔다. 이곳을 근거지로 해서 면앙 송순, 하서 김인후, 석천 임억령, 제봉 고경명, 송강 정철, 소쇄옹 양산보, 서하당 김성원 등 당대 문인들의 교류로 호남 제일의 가단을 이루었다. 최근에는 '가사문학관'까지 지어서 조선시대 누정문화를 소개하고 있다. 당시의 작품세계는 자연을 사랑하고, 임금을 사모하는 사상을 저변에 깔고 있었다.

「송순(1493~1583)」의 《면앙정가》는 면앙정(俛仰亭)에서 만들었는데 가사문학의 원류로서 내용, 모양, 가풍에서 송강의 《성산별곡》 등에 영향을 주어 호남의 가사문학의 르네상스시대를 예고했다. 《면앙정가》는 이수광 《지봉유설》과 어숙권의 《패관잡기》에서 한결같이 높이 평가하였다.

● **면앙정가**

> "무등산 한줄기 산이 동쪽으로 뻗어 있어/ 멀리 떨어져 나와 제월봉이 되었거늘/ 끝없는 넓은 들판에 무슨 생각하느라고/ 일곱 굽이 한데 멈춰 무더기무더기 벌여 놓은 듯/~~~"

송강 「정철(1536~1593)」은 49세에 동인의 탄핵을 받아 대사헌 직에서 물러나 담양군 고서면 원강리로 하향, 마을 앞 언덕 위에 竹綠亭(죽녹정)을 짓고 살았는데 영조 46년(1770) 후손들이 다시 지어 松江亭(송강정)이라 하였다. 송강은 이곳에서 식영정을 왕래하며 《성산별곡》, 《사미인곡》, 《속미인곡》 등 주옥같은 시가와 가사를 지었다.

○ **성산별곡**

> "엇던 디날 손이 성산의 머믈며셔/ 서하당 식영정 주인아 내말 듯소/ 인생 세간의 됴흔일 하건마난/ 엇디한 강산을 가디록 나이 너겨/ 적막 산중의 들고 아니 나시난고/~~~"

● 사미인곡

"나하나 졈어 잇고 님 나날괴시니/ 이 마음 이 사랑 견졸대 노여 없다/ 평생에 원하요대 한대 녜쟈 하얏더니/ 늙거야 므스 일로 외오두고 글이는 고/ 엊그제 님을 뫼셔 광한뎐의 올랏더니/~~~"

《성산별곡》은 담양군 남면 지곡리에 있는 성산이 4계절에 따라 변하는 경치를 노래한 것으로 송강이 25세 시 지은 가사이다. 성산은 최고봉이 493m인데 광주호를 내려다보고 있는 아담한 식영정에서 성산별곡이 탄생했다. 이 작품은 실제로 식영정의 아름다운 경치와 그 주인 「김성원(송강의 처 외당숙)」의 멋과 풍류를 신선의 삶에 비유하여 노래하고 있지만 사실은 정철 자신의 풍류를 읊은 것이라고 할 수 있다. 《사미인곡》은 임금을 사모하는 정을 한 여인이 남편과 생이별하고 연모하는 마음에 기대어 형상화하고 있으며 뛰어난 우리말 구사와 세련된 표현으로 속편 《속미인곡》과 함께 가사문학의 최고걸작이다.

송강 정철은 매우 유복한 유년기를 보냈으며 큰누나는 계림군(인종의 6촌)의 부인이 되었고. 작은누나는 조선 12대 임금 인종의 후궁(貴人)이 되어 입궁하였다. 그래서 송강은 어렸을 때부터 궁에 수시로 드나들었고 훗날 왕이 된 13대 명종의 소꿉친구이기도 하였다. 매형 계림군이 을사사화에 연루되어 죽임을 당하자 집안이 풍비박산되어 16세 시 이곳 향리에 와서 27세 시까지 10년간 성장하였다. 오랜 후 정여립 모반사건 처리를 위하여 우의정에 발탁된 송강은 이 사건에서 4대 사화 희생자의 합계보다 많은 「최영경」 등 1,000여 명의 동인을 처형함으로써 선과 악의 참혹한 양면을 천재 시인 송강에게서 보리라고 상상이나 할 수 있었겠느냐?

15-1 죽녹원 / 15-2 송강정

16

담양 창평들 2
: 원림(苑林)

조선시대 창평들 중심에는 식영정, 소쇄원, 명옥헌이 있는데 이들은 주변의 아름다운 산천과 어우러져 원림을 만들었다. 조선시대 정치, 문화, 사상의 구심점이 되는 공간이다. 원림의 의미는 성시(城市)와는 반대되는 자연으로써 인식된 산속의 공간이다. 우리나라의 전통정원은 亭(정), 堂(당), 精舍(정사), 樓(루), 軒(헌) 등 건조물을 중심으로 주변과 영역을 이루는 '산수정원' 또는 '별서정원'이 있다. 이러한 건조물을 중심으로 심적인 경계를 이루는 곳까지 원림으로 간주할 수 있다. 그 후 해남 보길도의 부용동 원림, 강진 백운동 원림 등이 조성되었다.

'식영정(명승 57호)'은 서하당 김성원(1525~1597)이 스승이자 장인인 석천「임억령」을 위하여 1560년 건물 서하당과 함께 세워 원림을 조성하였다. 식영정은 정면 2칸, 측면 2칸의 팔작지붕 정자로서 주위의 노송과 배롱나무가 함께 어울려 아름다운 조화를 이룬다.「김성원」은 1558년 사마시에 합격하고, 동복 현감을 지냈으며 정유재란 시 어머니를 보호하다 왜병에게 살해되었다. 임억령은 '그림자도 쉬고 있는 정자'라는 뜻의 식영정(息影亭)이란 이름을 건축에 대한 화답으로 지어주었다. 그 후 석천, 제봉, 서하당, 송강의 교류를 두고 '식영정 사선(四仙)'이라 부른다. 석천.임억령은 해남 출신으로 호남 시학의 선구자이자 조선 중기를 대표하는 시인이다. 그는 동생 임백령이 이조판서 재임 시 소윤의 윤형원과 함께 을사사화를 주도하여 대윤편의 많은 선비가 죽임을 당하자 임억령은 벼슬을 사직하고, 이곳 원림에 머물면서 교유인사가 300명에 달하고, 시 3,000수를 창작하였으며 정철, 김성원, 기대승에게 문학적 영향을 주어 성산시단의 사종(詞宗)으로 추앙받았다.

'소쇄원(명승 40호)'은 깨끗하고 시원하다는 의미를 담은 별서정원이다. 소쇄옹「양산보(1503~1557)」가 스승인 조광조가 유배되자 당시 17세였던 양산보는 화순군 능주까지 따라가서 그를 모셨다. 그가 사사되자 양산보는 이곳에 내려와 조선 최고의 민간 원림으로 그의 아들에 이어서 손자 대까지 중국 대표 원림 소주의 '졸정원(拙政園)'이나 북경의 '이화원(頤和園)'에는 미치지 못하나 작고 아름다운 원림으로 조성하였다. 소쇄원(瀟灑園)은 처음 가볼 때의 느낌과 두 번째 느낌이 전혀 다르게 다가오는 신기한 곳으로 우리의 소중한 문화유산이다. 특히 자연, 즉 소나무, 대나무, 매화나무, 국화 등 사절우(四節友)를 포함하는 꽃과 나무가 있고, 중앙 계류의 물레방아에서 쏟아지는 폭포수 등이 오묘하게 조화되어 속세를 벗어난 신선의 경지를 자아낸다. 소쇄원의 중심에는 살림채 제월당(霽月堂)과 사랑채인 광풍각(光風閣)이 있다.

조선 중기 소쇄원은 보길도의 세연정, 영양의 서석지와 함께 조선시대 3대 민간정원으로 시인, 묵객, 문사의 방문이 그치지 않았다. 또 소쇄옹은 벗인 하서 김인후와 사촌 김윤제를 빈번히 초빙하여 풍류를 즐겼다. 1574년 제봉 고경명과 광주목사 임훈이 무등산을 유람하고 소쇄원에 와서 쓴 계원의 사실적 묘사가 《유서석록》에 남아 있고, 호남시단의 중추적인 역할을 한 김인후 오언절구(五言絶句)의 《48영(詠)》이 남아 있다. 최근 이것을 시현하는 '산림처사 양산보와 함께 걷는 소쇄원'이란 문화행사를 매년 개최하고 있다.

'명옥헌(명승 58호)'은 조선 중기 명곡 「오희도」가 자연을 벗 삼아 살던 곳으로 그의 아들 「오이정(1619~1655)」이 고서면 후산마을 이곳 산기슭에 은거하면서 만든 원림이다. 명옥헌(鳴玉軒)은 가운데 방을 두고 4방에 마루를 배치한 호남지방 특유의 평면을 가진 정자(면앙정, 광풍각, 송강정 동형)이다. 또 정원은 배롱나무가 연못의 가장자리와 연못의 섬을 덮어서 장관을 이루고, 이 방지원도 주위의 소나무 군락지와 어우러져 가히 꿈속의 원림을 연출한다. 특히 늦여름 배롱나무꽃이 질 때면 붉은 꽃비가 되어 연못 위에 빨간 융단을 만들고, 그 사이를 소금쟁이가 열심히 미끄러지고 있다. 유홍준 교수는 답사 중 시간에 쫓기면 송강정과 면암정을 건너뛰고, 명옥헌에 직행할 정도로 이 원림에 반했다고 한다.

16-1 소쇄원 / 16-2 명옥헌
16-3 중국 졸정원

나주 회진리
: 임제

굽이굽이 돌아서 흐르는 영산강 나루터마을 나주시 회진리가 백호 「임제(1549~1587)」가 이 세상에 울음을 처음 터뜨린 마을이다. 마을 입구에는 백호 문학관이 있고, 오른쪽 영산강 언덕에는 조부 「임 붕」을 추모하는 영모정, 임제 선생 기념비와 시비 등 '시 공원'이 조성되어 있다. 그는 호쾌하여 자질구레한 예절에 얽매이기를 싫어하였으며 스승도 없이 어린 시절을 보내다가 22세가 되어 속리산에 있는 대곡 「성운」 선생의 4년간 문하생이 되었다. 그 후 29세에 알성문과에 급제하였고 36세 때 예조정랑이란 마지막 벼슬을 버리고, 전국 명승대천을 다니면서 1,000여 수의 시를 지었다. 조선의 어느 시인보다 더 풍요로운 시의 사랑 정신과 사상을 남기고, 고향 회진에서

39세의 짧은 생을 마감하였다. 시인 「이은상」은 "조선 왕조 500년간 가장 뛰어난 천재 시인이자 자유 독립 사상을 견지하며 높은 인간성의 소지자"라고 하였다.

● **임제의 대표 시, 청초 우거진 곳에**

"청초 우거진 곳에 자난다 누워난다/ 홍안은 어디 두고 백골만 묻혀 난다/ 잔 잡아 권할 이 없으니 그를 설워하노라"

◆ **무어별(無語別)**

"열다섯 살 아리따운 아가씨/ 수줍어 말 못하고 이별러니/ 돌아와 겹문을 꼭꼭 닫고 선/ 배꽃 사이 달을 보며 눈물 흘리네"

대표 시는 임제가 35세 시 평안도 도사로 발령받아 가는 길에 송도에 이르러 황진이 묘를 찾아 닭 한 마리와 술 한 병을 차려놓고 지은 시조이다. 그 옛날 이백(李白)과 두보(杜甫)가 살아온들 이토록 애절한 시를 읊을 수 있었으랴? 그러나 왕명을 받고 가는 벼슬아치가 기생의 무덤에서 이따위 짓을 하였다 하여 임지에 도착도 못 하고 파직되었으나 그의 시는 세월이 가는 줄도 모르고 펄펄 살아 전국을 누빈다.

무어별은 '말 못 하고 헤어진다'는 뜻인데 어린 여인의 애틋한 마음을 표현하여 절제된 언어의 아름다움을 드러낸다. 6세부터 10년간 곡성군 옥과에서 외가 사리를 끝내고 고향으로 돌아오면서 합강(섬진강) 모래밭에서 첫정을 나눈 「아지」를 잊지 못해서 지은 시다. 이

시는 16세 소년이 지은 시라고는 믿을 수 없는 천재성을 인정받았으며 난설헌의 《규원가》와 쌍벽을 이룬다.

임제는 그의 방랑벽과 당쟁의 와중에 휘말리기를 꺼려 벼슬을 멀리한 채 남으로 광한루–탐라, 북으로 부벽루–의주에 이르렀다. 그는 격치(格致)에 막힘이 없었고, 탈속의 경지를 넘어 방외에서 놀다 간 참으로 보기 드문 반지성의 아웃사이더이었다.

● 한우가(寒雨歌)

"북창이 맑다 커늘 우장 없이 길을 나서니/ 산에는 눈이 오고, 들에는 찬비로다/ 오늘은 찬비 마자시니 얼어 잘 가 하노라"

● 한우의 화답 시

"어이 얼어 자리 무슨 일로 얼어 자리/ 원앙금 비취금 어디 두고 얼어 자리/ 오늘은 찬비 마자시니 녹아 잘 가 하노라"

임제가 평양 명기「한우(寒雨)」를 만나 주고받은 시인데 임제가 "찬비 마자시니 얼어 잘 가 하노라"에 대한 한우의 화답이 "녹아 잘 가 (男女交合) 하노라"는 사랑의 짙은 프러포즈가 시로서 충분히 승화되었으며 결국 사랑의 결실을 맺었다. 한우는 재색에다 시문에도 능하고 거문고와 가야금에도 뛰어났다.

임제는 시 외 《원생몽유록(元生夢遊錄)》, 《수성지(愁城誌)》는 의인

체 소설의 효시이고, 한문 소설의 창시이기도 하다. 임제는 29세 알성시 급제를 부친 제주목사 「임진」에게 알리기 위해 바다 건너 제주를 찾는다. 4개월간 여정을 기록한 일기체 한문 기행수필 《남명소승(南溟小乘)》을 남겼는데 제주지역의 지리, 역사, 풍속, 언어, 토산 등이 기록되어 있으며 그는 기록상 한라산에 최초로 오른 사람으로 《백호집》에서 밝혀졌다.

17-1 백호 문학관 / 17-2 시 공원

해남 녹우당
: 윤선도 1

　시조 문학가 고산 「윤선도(1587~1671)」는 해남 금쇄동에 은거하면서 1642년 《오우가》를 지었는데 우리말의 아름다움을 잘 살린 윤선도의 불후의 명작이다. 《오우가》는 다섯 벗을 삼은 6수의 연시조가 산중신곡(山中新曲)에 들어 있다. 이 작품은 자연에 대한 우리 선조들의 사상과 정신이 잘 응축되어 있으며 예찬적이고, 찬미적이다. 그러나 단순한 자연에 대한 예찬이라기보다 고산의 윤리관을 형상화한 것으로 볼 수 있다.

● **오우가**

"내 버디 몃치나 하니 수석(水石)과 송죽(松竹)이라/ 동산의 달

오르니 긔 더욱 반갑고야/ 두어라, 이 다섯 밧긔 또 더 하야 무엇하랴”

“구름 빗치 조타하나 검기를 자로 한다/ 바람소리 맑다 하나 그칠 적이 하노매라/ 조코도 그칠 늬 업기는 물 뿐인가 하노라”

고산은 20세에 승보시 1등을 하고, 1616년(광해군 8) 성균관유생으로서 이이첨, 박승종을 규탄하는 상소를 올려 함경도 경원으로 유배된다. 1623년 인조반정으로 풀려나 의금부도사에 제수되었으나 3개월 만에 사직하고 해남으로 내려갔다. 1628년 별시 문과 장원으로 합격해서 봉림대군, 인평대군의 스승이 된다. 1633년 예조정랑, 사헌부 지평을 지내고, 소현세자의 장인 우의정 「강석기」의 모함으로 파직된다. 1657년(효종 8) 71세에 벼슬길에 올라 동부승지에 이르렀으나 송시열과 맞서다 관직에서 쫓겨났다. 효종이 죽자 제1차 예송에서 근기남인 허목, 윤휴, 윤선도 3인 중 선봉장이 되어 과격한 상소로 또다시 함경도 삼수에 유배된다. 현종 8년에 풀려나 보길도 부용동 살다가 낙서재에서 파란만장한 생을 85세로 마감하고 해남군 금쇄동에 안장되었다. 고산은 정치적 열세였던 호남의 남인 가문에 태어나 서인에 맞서 왕권 강화를 주장하다가 20년의 유배생활, 19년간의 은거생활을 하면서 세상살이에 버림받고, 귀양살이의 외로운 경험을 통해 그의 탁월한 문학적 역량을 표출했다.

녹우당(綠雨堂)은 고산의 고조부인 어초언 「윤효정」이 강진에서 이곳 해남읍 남쪽(4km) 덕음산 자락 연동리에 우거한 곳인데 이곳 해남윤씨 종가에는 녹우당과 최근 지은 고산유물관이 있다. 사랑채의 현판 綠雨堂 글씨는 성호 이익의 형 옥동 「이서」의 글씨인데 공재 윤두서가 이어주고 원교 이광사 이르러 완성을 보게 된 동국진체(東國眞體)이다. 이 글씨체는 중국 동진의 서성(書聖) 황희지의 해서, 행서, 초서를 본받으면서도 우리 민족 고유의 생명력을 글씨에 담아낸다. 녹우당에서 다산 「정약용」은 글을 읽었고, 소치 「허련」은 그림을 그렸고, 초의선사는 다도(茶道)를 배운 곳이다. 현재는 고산 14대 종손 「윤형식」 씨가 기거하면서 길손을 반가이 맞이하고 있다.

정침의 평면은 '구례 운조루'와 함께 전남에서 귀한 ㅁ자 평면인데 몸채, 중간채, 아래채를 차례로 건립하여 붙인 맞배-우진각지붕의 중접합 가옥이다. 원래 가옥은 ㄷ자 평면인데 1668년 효종 임금이 고산에 하사한 수원 집을 뜯어 옮겨와서 아래채(사랑)로 붙여 ㅁ자가 되었다. 이 사랑채의 마루는 4분합 들문을 등자쇠에 걸면 마루와 방이 하나의 공간이 되어 사랑의 활용도를 높이고 있다. 특히 정면에는 별동의 차양지붕 2개가 있는데 우리나라 어디서도 볼 수 없는 녹우당만을 상징하는 지붕이 되었다. 또 정침의 좌익채 뒤편에는 전라도 특유의 눈썹지붕이 있으며 게다가 몸채의 우측 부엌과 좌측 아궁이에서 지붕을 뚫고 나온 2개의 굴뚝은 서양가옥을 연상시키는 녹우당만의 멋을 보여주고 있다.

집 뒤에는 재각 추원당이 있고 그 산길을 따라가면 주목과의 침엽수인 530년 된 비자나무 숲이 있는데 바람에 흔들릴 때마다 쏴 하며 비 내리는 듯하여 '녹우당'이라 이름하였다. 사랑채 밖의 수령 500년의 은행나무를 포함하여 고산 윤선도의 유적지를 묶어서 당국에서 '해남윤씨 녹우당 일원을 1968년 대한민국 사적 제167호'로 지정하여 관리하고 있다.

18-1 녹우당 사랑채 차양지붕 / 18-2 눈썹지붕과 굴뚝

해남 보길도
: 윤선도 2

보길도는 고산 윤선도의 유배지이자 유적지로 유명하다. 고산 윤선도는 1639년 병자호란이 발발, 강화도 횡재소로 가다가 인조의 굴욕적인 항복 소식을 듣고 뱃머리를 제주도로 돌렸다. 풍랑으로 보길도에 잠시 머무는 중 수려한 풍경에 매료되었다. 그는 이곳에서 1651년 봄, 여름, 가을, 겨울의 유유자적한 삶을 잘 표현한 《어부사시사(漁夫四時詞)》를 지었다. 이 시조는 우리말의 아름다움을 살리고, 비슷한 구절을 반복하는 대구법과 시간의 추이에 따른 시상의 전개 등 표현기교도 뛰어나서 높은 평가를 받고 있다. 이 연시조 40수는 정철의 《송강가사》와 함께 조선 시가에 있어서 쌍벽을 이루고, 이 섬은 동양의 자연에 성리학 사상이 흐르는 곳이라 한다.

○ **어부사시사**(漁父四時詞) **: 춘사**(春詞) **1**

"앞 포구에 안개 걷히고 뒷산에 해가 비친다/ 배 띄워라 배 띄
워라/ 썰물은 거의 빠지고 밀물은 밀려온다/ 찌거덩 찌거덩 어
여차/ 강마을의 온갖 꽃들이 먼빛으로 더욱 좋구나"

○ **추사**(秋詞) **2**

"수국에 가을이 드니 고기마다 살쪄 있다/ 닻 들어라 닻 들어
라/ 넓은 물결에 실컷 놀아보자/ 지국총 지국총 어사와/ 인간
세상 돌아보니 멀수록 더욱 좋다"

보길도는 완도에서 서남쪽 23.3km 위치하고 있는데 면적 32km², 인구는 2,799명이다. 이웃에는 전복 양식으로 부자가 되어 '벤츠 차'가 많은 섬 노화도와 개발의 꿈을 안고 있는 소안도 등 비슷한 3개 섬이 있다. 이들 중 보길도와 노화도 간에는 2008년 보길대교가 개통되었다. 이 소안군도가 하나의 경제권이 되어 발전할 날도 멀지 않다. 보길도는 전역이 거의 산지로서 남쪽 격자봉 425m가 최고봉이고, 남서해안은 해식대와 해식동이 연속 분포한다. 금상첨화로 보옥리 공룡알 해안, 예송리 상록수림 해안 등 수려한 해안 경관을 보여주고, 동쪽에는 모래 해안이 분포하여 통리와 중리에 해수욕장이 발달하여 관광객이 이용하고 있다.

고산 윤선도는 자신의 재산을 들여 **부용동 원림**을 조성했다. 부용동 입구의 자연미와 인공미가 절묘하게 조화를 이룬 세연정과 세연지는 원림의 보석이다. '주변 경관이 물에 씻은 듯 깨끗하고 아름답

다'는 의미의 세연정을 짓고, 세연지 좌우에 있는 서대와 동대에서 악사와 기녀들을 놓아 가무를 즐겼다. 그 외 아름다운 옥소대, 판석재방, 일곱 바위, 비홍교가 보석의 아이콘들이다. 고산은 주봉인 격자봉 밑에 낙서재를 지어 거처를 마련하였고, 후일 아들「윤학관」은 곡수당을 그 아래쪽에 지어 기거하였다. 휴식공간인 '동천석실'은 낙서재에서 바라보면 산 중턱(해발 100m) 바위 위에 조그마한 단칸 정자가 날아갈 듯이 올라앉아 있는 모습은 신비스러운 느낌마저 준다. 고산은 이곳에서 부용동 원림을 굽어보면서 최고 절승지가 한눈 가득히 다가온다고 했다.

청산도는 보길도 동쪽 27km 떨어져 있는 섬으로 면적 33.3km², 인구 2,318명이다. 주민은 임진왜란 이후 입도하였으며 1866년(고종 3) 진(鎭)이 설치되었다. 청산도는 자연경관이 유난히 아름답고 신선이 노닐 정도여서 선산(仙山) 또는 선원(仙源)이라 부르기도 하였다. 그 후 동백나무, 후박나무, 곰솔 등의 난대림이 무성하여 '사시사철 푸르다'는 뜻의 이름 청산도(靑山島)가 되었다. 섬의 관문 도청항은 마치 100년 전의 모습을 그대로 간직한 듯한데 고등어를 팔고 사던 포구의 모습은 볼 수가 없다. 이웃마을 면 중심지 당리는 3~4월이면 청보리의 물결이 일고 유채꽃이 만발하는 경승지가 된다. 그래서「임권택」감독의 영화 〈서편제〉, KBS 드라마 〈봄의 왈츠〉, SBS 드라마 〈여인의 향기〉 등을 촬영하여 관광명소로 주목받고 있다. 아시아 최초 슬로시티로 지정된 청산도는 '느림은 행복이다'라는 슬로건을 내걸고 매년 4월에 '청산도 슬로우 걷기 축제'가 진행되어 청산도의 청정자연, 문화, 역사를 온몸으로 느끼고 체험한다.

19-1 세연정 / 19-2 청산도

해남 백포리
: 윤두서

공재「윤두서(1668~1715)」는 문인화가로서 윤선도의 증손자이고, 다산 정약용의 외증조부이다. 1693년 진사시 합격하였으나 끝내 벼슬길에 나가지 못하고 평생을 화가로서 마감하였다. 장남인「윤덕희」와 손자인「윤용」도 화업을 계승, 3대가 화가 가문을 이루었다. 공재는 해남윤씨의 어초언 파의 양 종손이었던 만큼 태어날 때부터 죽는 날까지 대단한 부와 명예의 배경 속에서 성장하고 살았다. 한편으로 "노복과 하층민들을 사람답게 대접하는 것이 집안을 길이 보전하는 길"이라고 자손들에게 당부하는 양심 있는 양반가의 선비였다.

공재는 천재 화가로서 동물, 식물, 풍경, 인물, 풍속 등 그림의 소재선택 또한 다양하다. 다수 작품 중 자화상, 선차도, 유하 백마도,

노승도, 채녀도가 유명하다. 특히 불후의 명작인 **자화상(국보 240호)**은 매섭게 올라간 눈꼬리, 오뚝한 코, 굳게 다문 입술을 잘 그렸으며 무엇보다 불꽃처럼 꿈틀거리며 한 올 한 올 셀 수 있을 정도로 세밀하게 그린 수염이 돋보인다. 그러나 이상하게도 귀와 목이 그려있지 않았다. 이것은 미완성의 작품이 아니고 최근 적외선 촬영으로 귀가 그려진 사실도 드러나서 한국미술 사학계의 첨예한 논란거리였던 자화상에 얽힌 비밀이 밝혀졌다. 또 산과 땅의 흐름도 자화상을 그리듯이 세밀히 그린 채색(彩色) 〈동국여지지도(東國輿地之圖)〉와 〈일본여도(日本輿圖)〉가 있는데 「정상기」의 〈동국지도〉보다 앞선 것이다. 이 자화상과 지도는 녹우당의 고산유물관에 해남윤씨 가전 고화첩과 가보 4,600점과 함께 전시되어 있다.

윤두서는 진경산수화와 풍속화를 창조하였으며 문인화를 수용하여 실학시대를 예고하는 노동하는 여인들의 생활, 즉 〈나물 캐는 여인〉을 비롯하여 〈짚신 삼기〉 등을 그려 후일 단원 김홍도의 생활풍속도에 영향을 주었다. 그는 겸재 「정선」, 현재 「심사정」과 더불어 3재로 일컬어지며 조선 후기 화단의 선구자적 역할을 하였다. 또 공재와 절친했던 「이하곤」은 공재의 풍류는 동진시대 인물화가 고개지 삼절(三絶), 즉 재절(才絶), 화절(畵絶), 치절(痴絶)과 같고, 기예는 시(詩), 서(書), 화(畵)가 원나라 문인화 대가 조맹부 같다고 평가했다. 그 외에도 공재는 유학, 천문, 지리, 수학, 병학 등 각 방면에 박학하였다.

현산면 백포리 '해남 공재고택'은 증조부 고산 윤선도 공이 지었다. 보길도에서 배를 타고 백포만으로 들어오던 고산은 마을의 형국이 후손들이 번창할 수 있는 길지로 보고 집을 지었다. 그러나 백포만의 바닷바람이 심해 큰아들 인미(仁美)만 분가시키고, 고산은 녹우당으로 거처를 옮겼다고 한다. 이 고택은 1670년(현종 11)에 지은 것인데 윤두서가 46세 때 서울생활을 정리하고 이곳 백포리고택으로 와서 2년 살다가 녹우당으로 돌아가 48세를 일기로 세상을 떠났다. 그 후 공재의 넷째 아들인 「윤덕훈」의 후손들이 지금까지 세거해 오고 있다.

백포리는 아직도 전통가옥 10여 동이 남아 반가의 마을 모습을 하고 있으며 해변에서부터 시작되는 높은 돌담길을 따라 걸으면 공재고택 모습이 이내 보인다. 고택 중 본체는 ㄷ자형, 13칸 평면인데 지붕의 양쪽이 맞배지붕과 우진각지붕으로 중부지방 형식을 취했다. 안채(聽雨林) 대청의 창호는 쌍여닫이 정(井)자 세살문을 달아 멋을 내었고, 마루는 호남양식의 전후·좌우 툇집으로 우익사 툇마루의 높낮이가 조화롭다. 지금은 퇴색한 고옥이나 건축기법에서 호남 반가의 예술성과 독창성이 묻어난다.

최근 '제2회 공재문화제(2019)'가 열려 지역의 전통문화와 역사에 대한 이해를 높이고, 공재의 작품세계를 알리기 위하여 명지대 이태호 교수를 초빙하여 '공재의 삶과 그림 세계'라는 주제로 문화강연을 열었고, 다례제와 전시회, 역사길 걷기, 음악회 등 공제문화제를 매년 개최하고 있다. 마을 동측에 있는 바다같이 넓은 19만 평의 신방지는 6~7월 아름다운 연꽃이 만발할 때 뚝방길을 걸어서 마을로 오면 내가 선경에 가고 있지 않은가 하는 착각마저 든다.

20-1 윤두서 자화상 / 20-2 공재고택

여수
: 거문도·백도

영국은 1885년 3월부터 1887년 2월까지 러시아의 조선 진출을 견제하기 위해 불법으로 거문도를 점거하고 섬의 발견자의 이름을 따서 해밀턴항이라 불렀다. 러시아는 1884년 조선과 통상조약을 체결하면서 조선 진출을 강화하기 시작하였다. 러시아 공사 「베베르」는 능란한 외교수완으로 청나라의 지나친 간섭에 염증을 느끼고 있던 조선 정부에 접근하여 친러 세력을 부식하는 데 성공하였다. 거문도는 여수와 제주 사이에 위치한 섬으로 고도, 동도, 서도의 3섬인데 옛 이름은 삼도, 삼산도, 거마도이다. 이곳 섬에는 귀한 소엽풍란, 석곡, 눈향나무, 후박나무 등 아열대성 식물이 즐비하고 흑비둘기, 휘파람새, 팔색조가 많아 섬 전체가 생태계의 보고이다. 거문도는 대한해협의 문호에 위치하여 **동양의 지브롤터(Gibraltar)**라고 불릴 정도로 군사적 요충지이다. 또 3개의 섬이 병풍처럼 둘러 있어 1백만 평 정도의 천연적인 항만이 호수처럼 형성되어 도내해(島內海)라 부르고 큰 배들이 자유스럽게 드나들 수 있는 깊은 수심으로 양항의 역할을 하는 남해의 숨은 보석이다.

거문도의 면적은 12㎢로 작고 인구는 주민등록상 2,600명이나 실제로 1,000명 미만이 거주한다고 한다. 그러나 일제강점기에 1만 4천 명이 거주하였는데 거문도 근해가 꽁치, 고등어, 방어가 잡히는 다끼리 시마(寶島), 말 그대로 보물섬이었다. 1970년대도 여름(3~9월) 갈치, 겨울(10~2월) 삼치잡이의 전진기지로서 '파시'를 이룰 때는 술집 여종업원이 200여 명에 이를 정도로 경기가 좋았다. 최근에는 '해풍 쑥'을 재배하여 어업에 버금가는 수입을 올리고 있다. 거문도 해풍 쑥은 풍부한 일조량, 해풍과 해무 등 천혜의 지리적 조건으로 미네랄 성분이 풍부하고, 고유의 향과 맛이 진한 것이 특징이다. 1980년부터 200여 농가에서 해풍 쑥을 재배하기 시작하여 2017년부터는 연간 25억의 매출을 올리고 있다.

고도(古島), 즉 거문도는 면적이 1.1km²로 작은 섬이나 삼산면의 중심지로 면사무소, 선착장 등 면 단위의 중심지 기능이 집결된 물류의 중심지이다. 영국군이 주둔했던 거문리는 봄이면 유채꽃이 만발하고 뒷산에는 영국군이 만들었다는 한반도 최초의 테니스장과 당구장 있었던 빈터가 있고, 영국군 묘비 9위 중 3위가 아직도 남아 있다. 포구를 끼고 있는 현재 상가 지역은 일제강점기에는 일인 지주

들만의 독점적 거주 지역이었고, 변두리에 해당하는 동도와 서도는 조선인 거주 지역이었다.

서도(西島)는 넓이 7.8km²로서 가장 큰 섬으로 고도와는 아치형 삼호교로 연결된다. 서도는 수백 년 묵은 동백나무가 자라는데 봄이면 목 넘어서 등대에 이르는 1.2km의 산길은 동백꽃이 만개하면 꽃 터널을 이룬다. 육지의 꽃보다 크고 더 붉은 꽃이 송이째 바닥에 떨어져 아름다움을 넘어 비감에 젖게 한다. 1905년 인천 월미도 다음으로 준공된 동양 최대의 거문도 등대는 남역 바다 40km를 15초마다 적·백색 빛을 교대로 발하여 뱃길을 인도한다.

동도(東島)는 면적이 3.4km²로서 거문도의 최고봉 망향봉(237m)이 있고, 서도와는 장대한 사장교인 거문대교가 2015년에 준공되어 3섬이 하나가 되어 교통이 편리하게 되었다. 조선시대 귤은 「김유」는 기정진 문인으로 성리학 6대가 중 한 분인데 출사하지 않고 평생 동안 거문도와 청산도에서 야인으로 살았다. 청나라 제독 정여창은 이 섬에 와서 김유와 필담을 나누다가 그의 문장력에 탄복한 것이 조정에 알려져서 삼산도가 巨文島(거문도)로 바뀐 까닭이다. 이곳 유촌리에는 그를 기리는 귤은 사당이 있다.

명승지 제7호인 백도(白島) 일원은 거문도 동쪽 28km 거리에 39개의 무인도로 이루어져 있으며 섬 전체가 흰빛을 띄우고 있어 백도라 부르고, 편리상 크게 상백도와 하백도로 나뉜다. 비단 같은 바다 위에 보석처럼 박힌 섬의 아기자기한 풍경은 한 폭의 수채화이고, 금강산이 물에 잠기어 고개를 내미는 형용이다. 특히 하백도의 '서방

바위'와 '각시 바위'는 남근과 여근 모양을 하고 있어 해학적인 감탄
을 자아낸다.

21-1 거문대교 / 21-2 백도

서귀포 표선
: 정의읍성

　제주도 화산지형은 지금부터 200만 년 전 신생대 제3기 말~제4기 초에 분출하여 지질적으로 비교적 최근의 화산형태가 잘 보존되어 지구과학적 가치가 크고 경관도 아름답다. 제주도 명소는 한라산, 성산 일출봉, 만장굴, 주상절리대, 천지연 폭포, 산방산 등 9곳을 유네스코 '세계지질 공원 후보지'로 신청하여 인증을 받았다. 특히 산 정부에는 제3기에 조면암이 분출하여 종상화산으로 급경사이고, 산록부는 제4기에 현무암이 분출하여 완만한 순상화산이다. 최후단계에서 폭발성 분화에 의하여 쇄설물이 화구주변에 쌓여 360여 개의 기생화산(측화산 또는 오름)이 생겼다.

　제주도에 인간의 거주역사는 7~8만 년 전의 구석기시대부터 시작된다. 고려 16대 예종 때(1105) 탐라군으로 편성되었고, 25대 충열왕 때 제주목이 되었다. 조선 세종 5년에 방위상 제주목, 정의현, 대정현 등 3현으로 나누어 통치(1424~1914)하였다. **성읍민속마을**(국가민속문화재 188호)은 정의현 도읍지로서 옛 민가의 특징을 잘 보존하고 있는 유일한 제주 전통마을이다. 제주도의 아이콘 '돌하르방'은 방언으로 돌 할아버지라는 뜻인데 두 주먹을 불끈 쥐고 쏘아보는 듯한 야무진 눈망울로 마을을 침입하는 잡귀를 쫓아내겠다는 형상으로 퍽 익살스러운 인상을 주기도 한다.

정의현 읍성은 현재 서귀포시 표선면 성읍리인데 1423년 안무사 「정간」이 현 장소에 이건한 현청인 일관헌, 조선시대에 교수 1명과 교생 30명이 있었던 정의향교, 출장관리가 유숙하는 객사가 있다. 성곽에는 동·서·남문이 있고 그 앞에는 각각 돌하르방 4기가 수문장으로 읍성을 지키고 있다. 유형문화재로 조일훈(중요민속자료 68호), 고평오(69호), 이영숙(70호), 한봉일(71호), 고상은(72호) 등의 전통가옥은 민가 110호와 함께 잘 보존되고 있다. 또 느티나무 1그루와 팽나무 3그루가 천연기념물(161호)로 지정되어 있다. 그래서 성벽 속에 가옥, 돌담, 고목이 어우러진 고풍스러운 500년 도읍지의 역사적 긍지를 가진다.

제주도의 자연은 독특하다. 독특한 만큼 삼성설화 등 많은 신화(神話)를 창조하여 제주도민을 신화 속의 신민(神民)으로 살게 했고, 신화 속에 신민이 살던 집은 또 독특할 수밖에 없다. 마을 안길로 들어서면 눈길 닿는 곳은 어디든 다공질 현무암이 지천인데 이 많은 돌들은 마치 살아 있는 생명처럼 꿈틀거려 성벽과 긴 올레길을 만들었고, 드디어 가옥의 돌담장은 길의 벽이 되어 발길을 멈추게 된다. 성읍민속마을도 예외일 수가 없다.

성읍 '조일훈 가옥'은 현 소유주 조부가 1901년 건축한 초가로서 안거리(안채), 밖거리(사랑채), 목거리(헛간채), 이문간(대문채)이 안마당을 중심으로 평면이 떨어진 ㅁ자형으로 '네거리 가옥'이다. 그러나 원래는 객줏집이어서 헛간에 '말 방애'가 있었다. 안거리는 큰 구들(온돌방) 또는 상방(마루방) 뒤에는 고팡(고방), 정지 뒤에는 작은 구들이 있는 **겹집(田자형)** 구조가 된다. '고평오 가옥'은 현 소유주 증조부가 순조 29년(1829)에 건립하였다. 안거리, 밖거리, 목거리가 있는 '세거리 가옥'이다. 안거리는 작은 구들이 없는 3칸 겹집이고, 정면에는 햇빛이나 바람을 막아주는 '풍채'가 있다. 밖거리는 원래 관원들이 하숙을 하던 곳으로 양쪽에 상방이 있으며 그 뒤는 각각 골방이 있는 역시 겹집이다. '이영숙 가옥'은 20세기 초부터 여인숙으로 사용되어 여관집으로 불리었고, 3칸 안거리와 2칸의 목거리가 마주 앉은 '두거리 가옥'이다. 초가로 전통가옥 중 가장 단출하나 올레(골목)가 긴 가옥이다.

이상의 가옥들은 지붕은 억새나 갈대로 덮고, 용마루 없이 둥글게 한 후 새끼줄로 바둑판처럼 얽어서 강풍에 대비하였다. 또 가옥 주위를 비·바람을 막기 위하여 높은 돌담으로 두르고 지붕을 돌담까지 연장하여 그 아래에 생기는 공간을 '뒤라지'라 하는데 고팡과 구들을 넓혀 사용하여 대부분 제주도 토속가옥은 겹집이 된다. 보통 뒤뜰에는 흑돼지를 함께 기르는 전통화장실 '통시'가 있고, 이문간에

는 정주석에 통나무 3개를 꽂을 수 있는 '정살문' 등은 제주만의 독특
한 경관이다.

22-1 조일훈 가옥 / 22-2 가옥 평면도
22-3 지리과 제주 답사

산청 덕산리
: 남명 1

　조선의 국가이념은 의리와 명분을 중시하고 도덕성을 강조하는 성리학이다. 조선 중기 사림을 이끈 성리학자는 영남학파인데, 여기에는 조선의 사상계를 대표하는 영남석학의 양대 산맥이 있었다. 즉 경상좌도에 퇴계「이황」이고, 경상우도에 남명「조식」이다. 남명은 **경의(敬義)**를 몸으로 실천하여 학문과 덕행을 쌓았다. 경의학은 안으로 수양, 즉 마음을 밝히는 것이 경(敬)이요, 바깥으로 적극적인 표출, 즉 올바름을 실천하는 것이 의(義)라 하였다. 남명학파는 진주 지역을 중심으로 덕계「오건」 내암「정인홍」, 송암「김면」, 망우당「곽재우」 등 현실을 비판적으로 인식하고 실천적 학문을 주장하였으며 義를 앞세웠고, 정의를 사랑하여 굽히지 않는 지조를 지녔다는 것이 그 특징이다.

한편 퇴계학파는 안동지역을 중심으로 월천 「조목」, 학봉 「김성일」, 서애 「류성용」 등을 주축으로 현실을 긍정적으로 인식하면서 성리학을 이론화하였으며 인(仁)을 숭상하였고, 제자들은 깊이가 있고 겸손하였다. 그렇다면 남명에 있는 敬과 義는 퇴계에는 왜 없는가? 주로 義의 연관 맥락에 놓이는 남명의 敬은 주로 仁의 맥락에 놓이는 것으로 퇴계에서는 리(理)이다. 왜 理인가? 숙부로부터 논어를 배우던 중 "모든 것의 옳은 것이 理입니까?"라는 일화에서 퇴계의 사상적 기저로 **인리(仁理)**가 자리 잡고 있는 주리론(主理論)임을 알 수 있다.

남명과 퇴계와의 논쟁은 너무나 유명하다. 두 사람은 동갑으로 같은 경상도에서 70 평생을 살면서 얼굴을 한번 대면한 적도 없다. 그러나 평소에는 서로를 북두칠성에 비기며 예우와 존경하는 마음을 다하였고, 편지로는 천리신교(千里神交)의 아쉬움을 토로했다. 남명과 퇴계의 학풍 차이가 표면화된 것은 명종 16년 퇴계의 제자 「금란수」 일행이 합천 뇌룡정에서 후학을 양성하고 있던 조식을 방문했을 때부터이다. 퇴계 이황과 고봉 「기대승」 간의 사단칠정이기논변(四端七情理氣論辯) 논쟁에 대하여 남명은 퇴계의 제자에게 다음과 같이 말했다. "송의 주자가 논한 것이 지극하여 그것을 찾아 음미하고, 행하기도 부족한데 성리(性理)의 학(學)을 높이 논하는 것은 옳다고 생각 안 하네, 그렇게 전하게"라고 하였다.

이후 양 학파 간에는 논쟁이 더욱 심화되었는데 퇴계학파의 한음 「이덕형」은 "정인홍의 무리가 강학에는 소홀히 하면서 남을 비판하는

데는 맹렬하다"하였다. 퇴계는 직접 남명을 평하여 "오만하여 중용의 도를 기대하기 어렵고, 노·장(老子·莊子)에 물든 병통이 있다"고 하였다. 그에 반박하여 남명도 요즘 학자들은 물 뿌리고 청소하는 절차도 모르면서 천리(天理)를 담론하며 허명을 좇는다고 맞대응하였다. 또 정인홍은 "이황을 배척해서 문학의 해가 홍수보다 심하다"고 하였고 계속해서 晦·退(회재·퇴계) 배척과 독주로 인해 남명학파의 한 축 이었던 한강 「정구」가 떨어져 나가 세력이 쇠퇴하였다.

남명의 제자는 임진왜란이 발발하자 의병을 일으켰다. 가장 먼저 창의한 곽재우, 의병대장 김면이 구국의 선봉에서 맹활약을 하였다. 특히 곽재우는 정암진에서 낙동강을 도강하는 코바야카와 군대를 늪지대로 유인하여 대승을 거둔다. 또 조총의 '유효사거리'가 활보다 짧은 것을 간파하고 항상 유효사거리를 유지하면서 유격전술을 시행하여 연전연승함으로써 '천강(天降) 홍의장군'이라 불렸다.

조선 왕조 제22대 정조대왕(1752~1800)은 "영남지방에서 절의 있는 선비가 배출된 것은 실로 남명 조식의 힘 때문이다"라고 평가하였다. 실제로 남명은 조선 전기 사림파의 실천적 학문과 후기 실학파의 현실을 중시하는 학풍을 이어주는 사상적 고리 역할을 함으로써 한국의 학문 흐름에도 중요한 역할을 남겼다. 그뿐만 아니라 남명은 조선 중기의 참으로 위대한 유현이며 실천 도학자이다. 왕이 면대하기를 청(請), 징소(徵召)하였으나 매번 상소(上疏) 봉사로써 의견을 개진하고 나아가지 않았으나 오직 한번 66세(명종 21) 시 상경하여 왕을 잠시 뵙고 곧 귀향하였다.

23-1 산천재 / 23-2 산천재 현판
23-3 합천군 벽한정 내

합천 외토리
: 남명 2

    남명 조식(1502~1572) 선생은 37세 시 어머니 권유로 과거에 응시하였으나 낙방하여 일생을 학문연구와 덕성함양, 후학을 양성하였다. 명종과 선조로부터 여러 관직을 제수받았으나 출사하지 않고 평생을 처사로서 지냈다. 그러나 사후에 선조는 대사헌, 광해군은 영의정을 추증하였다. 그는 천문, 역학, 지리, 의학, 군사 등 두루 섭렵한 대학자였다. 지인들로부터 칼 찬 선비, 대쪽 같은 선비, 실천 지식인, 조선의 참선비라는 칭호를 들었다. 합천군 삼가면 토동 인천 이씨 외가마을에서 태어나 5세 시 한성부로 이사 가서 명종 시 병조판서와 영의정을 각각 지낸 「이윤경」과 「이준경」 형제와 죽마고우가 되었다. 기묘사화로 삼촌이 조광조 일파로 몰려 죽임을 당하고, 승문원 판교를 지낸 부「조언형」공이 파직된 후 별세했다.

남명은 1531년 김해 탄동(현 대동면 지동리) 처가로 그 사건 때문에 우거하였다. 이곳 신어산 밑에 산해정(山海亭)을 짓고 제자들을 강학하였다. 그의 사후 1578년 김해부사「하진보」와 고을 사람들이 힘을 모아서 산해정 동편에 남명의 학덕을 기리기 위하여 신산서원(新山書院)을 세웠다. 1544년 아들 9세「조차산」을 병으로 잃고, 상심에 빠졌던 그는 스스로 시를 지어 위안을 삼았다. 그러나 딸은 잘 자라 상산인「김행」에게 시집가서 두 딸을 낳았는데 첫째는 동강 김우옹에게, 둘째는 홍의장군 곽재우에게 시집갔다.

● **아들을 잃고**(喪子)

    "집도 없고 아들도 없는 게 중이랑 비슷하고/ 뿌리도 꼭지도 없는 이내 몸 구름 같도다./ 한 평생 보내려 해도 어쩔 방도 없는데/ 여생을 돌아보니 머리가 흰 눈처럼 어지럽구나"

남명은 48세(1549) 시 17년간의 처가살이에서 합천군 삼가면 토동으로 돌아온다. 부인 남평조씨는 탄동에 남아 있다가 69세를 일기로 그곳에서 하세하였다. 이곳 합천에서 뇌룡정(雷龍亭 : 우레와 용의 집)과 계복당(鷄伏堂 : 훼철)을 짓고, 제자를 가르치면서 13년간의 합천생활을 시작하였다. 그 후 퇴계의 추천으로 단성 현감이 내려졌으나 사직상소인 '단성소'에는 다음 내용이 포함되었다. "대비께서는 생각이 깊으시지만 깊숙한 궁중의 한 과부(문정왕후)에 불과하고, 전하께서는 어리시어 단지 선왕의 한낱 외로운 고아(명종)"라고 하는 직선적인 표현으로 큰 파문을 일으켰다. 최근 관광 차원에서 뇌룡정 앞에 용암서원을 지어서 남명의 위패를 모시고, 마을 안에 생가도 마련하여 남명을 찾는 사람을 반긴다.

남명은 1561년 산청군 시천면 지리산 아래 덕산으로 옮겨갔다. 이곳 유적지 사리에는 산천제, 장판각, 별묘인 여재실(如在室), 신도비가 있고 이웃 원리에는 덕천서원과 세심정이 있다. 산천재(山天齋 : 하늘을 품은 산)를 3칸×2로 작게 짓고, '덕산에 묻혀 산다'라는 시를 지어 산천재 네 기둥 주련에 새겨두었다. 산천재에는 현판 2개와 벽화가 있다. 현판의 전서체는 영조 때 호조참의를 지내고 특히 예서와 초서를 잘 써서 서사관을 역임한 「조윤형」이 쓰고, 해서체는 순조 때 대사헌을 지낸 「이익회」의 글씨이다. 현판 걸이 상단(바둑 두는 그림) 좌측(밭을 가는 그림) 우측(소보와 허유 고사를 형상화)에 벽화가 있다. 뜰에는 손수 심은 450년 된 남명매가 지금도 매화 향을 맡으려는 탐매객과 남명 석상, 남명 기념관, 남명 선생 시비 등이 최근 건립되어 참배객이 붐빈다.

- **주련시 : 덕산에 묻혀 산다**

  "봄날 어디엔들 방초가 없으리요 마는/ 옥황상제가 사는 곳 가까이 있는 천황봉만 사랑하네/ 빈손으로 돌아왔으니 무엇을 먹고 살 것인가/ 흰 물줄기 십 리로 뻗었으니 마시고도 남음이 있네"

그는 실천을 게을리하지 않기 위하여 항상 성성자(惺惺子)라는 쇠방울을 옷고름에 달고, 혼매한 정신을 일깨우기 위해 경의검(敬義

劍)이란 칼을 품에 지니고 다녔으며 죽음에 이르러 성성자는 김우옹
에게, 경의검은 정인홍에게 물려주었다고 한다.

24-1 상소문

함양 개평리
: 정여창

영남의 학맥을 이야기할 때 흔히들 경상도에는 '좌 안동'과 '우 함양'이 있다고 한다. 학문을 사랑하는 올곧은 선비는 사신이나 관리들의 뒤치다꺼리를 해야 하는 서울–신의주, 서울–부산 가도의 고을을 피해서 오지 중의 오지 함양군수를 선호한다. 함양군수를 지낸 점필재 「김종직」과 그의 제자 일두 「정여창」과 탁영 「김일손」 덕분에 함양이 영남지방의 대표적인 선비문화 고장으로 거듭났다. 자연환경도 덕유산(최고봉 1,614m) 남쪽 능성의 경상도와 전라도 경계인 육십령에 서서 내려다보면 함양군 서상면, 서하면, 안의면에 걸친 60리 길에 아름다운 화림동 계곡과 8정8담(八亭八潭)이 있다. 특히 지족당 「박명우」가 세운 농월정과 너럭바위, 기암괴석 위의 거연정, 정여창 선생을 기리기 위한 군자정과 동호정이 아직도 남아 있어 경관이 수려하다.

함양군 지곡면 개평리는 하동정씨가 먼저 터를 잡고, 15세기 풍천 노씨가 들어와 살기 시작하여 두 성씨의 동족촌락으로 발달했다. 개평리는 풍수지리상 '배설', 즉 배 모양을 하여 "아무리 비가 많이 와도 홍수가 나지 않고 아무리 가뭄이 들어도 물이 마르지 않는 천운을 가진 마을"이라 한다. 지금도 영남지역 대표 선비마을로 서원을 비롯하여 50여 고옥이 있는 마을이다. 그래서 드라마 KBS〈토지〉, MBC〈다모〉, tvN〈미스터 선샤인〉등의 배경이 되어 연 10만여 명의 관광객이 개평마을을 찾아온다.

'정여창고택(국가문화재 186호)'은 1570년 3,000평의 대지 위에 안채, 사랑채, 문간채, 행랑채, 고방채, 사당 등 12동의 건물을 지었다. 안채는 一자형 7칸이고 맞배지붕이나 사랑채는 내루가 돌출한 ㄱ자형의 팔작지붕인데 동계 정온의 사랑과 함께 서부 경남에서 발달한 평면형이다. 돌출한 누마루 천장에는 濯淸齋(탁청재), 대청에는 百世淸風(백세청풍)과 文獻世家(문헌세가) 편액이 걸려 있고, 사랑방 창문 위에는 忠孝節義(충효절의)라는 큰 글씨가 눈앞에 다가온다. 솟을대문에는 임금이 내리는 붉은색 정려 편액 5점이 걸려 있다. 이 종가에서는 소나무 순과 찹쌀로 만든 가양주인 '솔송주'를 만들어 성종 임금에 진상하였으며 500년 전통을 이어오고 있다.

'풍천노씨 대종가'는 세조 때 청백리로서 고려사 저술에 참여한 입향조 송재「노숙동」이 장가와서 정착한 곳에 후손이 1824년(순조 24)에 건축하였다. '노 참판 댁'은 조선 말 바둑의 1인자 사초「노근영」의 생가인데 안채 안방의 문 위에 완자살 문양의 광창이 있어 가옥의 품위를 높였다. '오담고택'은 정여창 선생의 12세손 오담 정환필이 1820년에 건축하였다. 안채는 맞배지붕 좌·우측에 부섭지붕을 달았으며, 사랑채 방 뒤에 글방을 두어 준 겹집이다. 위의 모든 가옥은 안채, 사랑채, 고방채, 헛간채가 모두 ㅡ자로서 튼 ㅁ자형의 평면이고, 전후 툇마루만 있는 영남지방가옥의 전형이다. 마을 입구 소나무 군락지는 풍수상 마을의 액운을 차단하는 보비의 수단으로 조성하였는데 수령 300~400년 된 노송 100여 그루가 마을 품격을 높여준다.

마을에서 동남 2km 떨어진 수동면 도로변에 남계서원과 청계서원이 나란히 있다. 일두 정여창을 모신 남계서원은 우리나라 2번째로 명종 7년(1552)에 세워 2011년 세계문화유산에 등재되었다. 탁영 김일손을 모신 청계서원은 전자보다 350년 늦은 1915년 세웠다. 일두는 탁영보다 14살이나 위이나, 나이를 초월해 학문을 논하고 우의가 돈독하였으며 한훤당「김굉필」과 함께 김종직의 출중한 제자이다. 점필재《조의제문》으로 무오사화가 일어나자 6년 전에 세상을 떠난 김종직은 부관참시되고, 제자 김일손, 권오복 등 5명은 능지처참되었다. 정여창은 종성으로 유배 가서 그곳에서 생을 마감하고, 그 후 갑자사화에서 부관참시되었다.

서원은 향교처럼 낮은 곳에 강학공간을 두고, 높은 곳에 제향공간을 두는 상묘하학(上廟下學) 또는 전학후묘(前學侯廟) 공간배치를 하고 있다. 남계서원도 이 공간구성에 따라 영풍루(문루 2층), 명성당(대청), 양정재(동재), 보인재(서재), 경판고(서고), 내삼문, 사당, 전사철(재기보관), 고직사(살림집) 등을 고루 갖추고 여타 서원의 모범이 되고 있다.

25-1 사랑채(충효절의) / 25-2 남계서원

달성 묘동
: 박팽년

1453년 수양대군은 계유정란을 통해 단종의 세력을 제거하고 정권과 병권을 장악했다. 수양대군이 왕위에 올라 왕의 전제권을 확립하려 하자 집현전 출신의 유신들이 즉각 반발하였다. 유신 「성삼문」, 「박팽년」, 「이개」, 「하위지」, 「유성원」, 「유응부」 중심으로 세조를 몰아내고 단종 복위운동을 진행하였다. 이것은 왕권을 억제하고 관료지배체제의 구현을 이상으로 하는 목적도 있었다. 그러나 동참자 「김질」이 밀고해 6명 모두가 처형되었다. 세조가 박팽년, 성삼문에게 "마음을 돌려서 나를 따른다면 부귀영화를 길이 누리리라" 하며 회유하였다.

○ **취금헌 박팽년 답**

"까마귀(세조) 눈 비 맞아 희는 듯 검노 매라/ 야광명월(단종)
이야 밤인들 어두우랴/ 임향한 일편단심이야 변할 줄 있으랴"

○ **매죽헌 성삼문 답**

"이 몸이 죽어가서 무엇이 될꼬 하니/ 봉래산 제일봉에 낙락장
송 되었다가/ 백설이 만건곤할 때 독야청청하리라"

　묘골마을은 사육신 박팽년의 후손인 순천박씨의 세거지로 박팽년
의 유일한 혈손인 「박일산」이 이곳에 마을 터전을 잡고 가문을 일
구었다. 후손들은 육신사(六臣祠)를 세워 사육신 6분의 제사를 매년
지내고 있다. 박팽년은 사후 아들 3형제도 사형당했으나 그의 차남
「박순」의 아내 성주이씨는 경상감영의 관노비가 되었는데 임신 중으
로 출산을 하여 여종의 딸과 바꾸어 키움으로써 그의 아들은 무사하
였다. 그 후 숨어 지내다가 17세 때 자수하여 성종은 박일산이라는
이름까지 하사하였다. 그는 외가의 재산을 물려받아 이곳 묘골에서
대대로 560년간 살아온 곳이다.

　마을 먼 초입에는 사찰의 일주문처럼 충절문(忠節門)이 있고, 들
머리에 사육신 기념관을 지나면 30여 동의 기와집이 마을을 구성한
다. 1970년 '충효위인 유적화 사업'의 일환으로 마을 전체를 새로 단
장하면서 마을 제일 뒤 육신사를 건축하고, 낙빈서원에 모셔져 있
던 박팽년의 위패를 이곳으로 옮겨왔다. 정문인 외삼문(현판 : 六臣
祠는 박정희 대통령 글씨)을 들어오면 정면에 홍살문과 박일산이 지

은 조선 전기 건축양식이 잘 보존된 보물 554호 태고정(太古亭 : 한석봉 필체)이 있다. 왼쪽의 넓은 마당에는 '육 선생 6각 사적비'가 있고, 박정희, 최규하 두 대통령 방문기념석이 있다. 계단을 올라 중문(현판 : 成仁門)을 지나면 사육신 모두의 위패를 모신 사당 숭정사(崇正祠)가 위치한다. 서편 언덕 위에 삼성그룹의 창업주 이병철 씨의 부인 박두을 여사의 친정 옛 가옥을 옮겨놓았다.

마을 중앙에는 박팽년 7대손 금산군수 「박숭고」가 건립한 충효당, 8대손 「박중휘」가 건립한 금서현을 1995년 이곳으로 이건하였다. 그러나 마을의 고가 상징은 도곡제(유형 32호)인데 사랑채에 부섭(가적)지붕을 달아 사랑마루를 넓히고 다락과 아궁이를 둔 것이 특이하다. 14대손 대사성 박문현(정조 2)이 살림집으로 건립한 도곡재는 박일산의 증손자로 인조 때 학자인 도곡 「박종우」의 호를 당호로 사용하였다.

삼가헌(국가문화재 104호) 「박황」 가옥은 이 마을에서 약 1km 남서쪽 파회마을에 있는데 박팽년의 12대손 박광석이 분가해서 가옥을 건립하고(1809) 이조참판을 지낸 부친 「박성수」의 호를 따서 삼가헌(三可軒)이라 하였다. 이 가옥의 평면은 안채 ㄷ자, 사랑채 ㄴ자로서 전체는 중부지방 양반집 구조이다. 사랑마루에는 허목의 전서체로 쓴 "禮義廉恥孝悌忠信"이란 인간이 지켜야 할 팔덕(八德)의 현판이 걸려 있어 이채롭다. 그 서편 별당은 파산서당(巴山書堂)으로 사용하다가 정면에 연못을 만들면서 연꽃 위에 떠있는 아름다운 하엽정(荷葉亭)이 되었다. 이 마을에는 전통주인 삼해주(三亥酒)와 송순

주(松筍酒)가 전해 내려오고 있다. 삼해주는 쌀로 떡을 만들어 깔고 누룩가루를 넣고 소주를 첨가, 정월 첫 해일(亥日)에 솔잎을 넣어 발효시킨 후 삼해일(三亥日 : 12×3=36일)에 마시는 술로서 양반가의 멋과 풍류에 취할 수 있는 미주이다.

26-1 충절문 / 26-2 하엽정

27

고령 대가야읍
지산리

고령은 우리나라와 세계적으로 큰 족적을 남긴 4가문이 있다. 우리나라에는 한국 성리학의 조종 점필재 김종직 가문과 종가가 있다. 둘째로 세종대왕의 한글 창제를 열심히 도운 보한재 신숙주 가문이 있다. 셋째, 국가경영에서 가난한 나라가 부국이 되는 국제적 모범사례를 보여준 이가 바로 박정희 대통령이고, 그분의 본향은 고령이다. 마지막 하나는 일본 천황의 본향이 대가야국인 고령군 지산리이다.

가야대학교 총장 「이경희」는 고령군 대가야읍 지산리에 자기가 세운 가야대학 안에 1999년 '고천원 공원'을 조성하고 **高天原 故地(고천원 고지)** 즉 일본 고대 천황의 옛 고향이라는 큰 돌비석을 세웠는데, 제막식에는 일본 학자 60명을 비롯하여 500여 명이 참석하였고, 매년 '4월 고천원제'에는 많은 일본 관광객이 찾아오고 있다. 당시 대가야국은 이웃 冶爐(합천군 야로면) 철을 개발, 농기구를 만들어 사용함으로써 높은 생산성으로 한반도에서 가장 부국이고 강국이었다.

일본의 역사서 《고사기(古事記 : 712)》와 《일본서기(日本書紀 : 720)》에 의하면 기원전 600여 년 전 고천원(高天原)에서 일본 땅에 내려와 나라를 세우고, 다스려 왔다는 기록이 있다. 천손(天孫) 및 그 일행이 한반도 어디에선가 도래했다는 것은 현재로써는 일본인이면 누구나 인정하는 상식이다. 고천원은 가야 땅의 북쪽 산간에 위치한 분지였다고 전하는데 이 조건에 맞는 곳은 대가야국의 옛 땅인 고령밖에 없다. 이 주장은 4~6세기 중엽에 이르기까지 200년 동안 한반도의 남부를 일본이 지배했다는 '임나일본부설(任那日本府說)'과는 반대이나 한편 한문으로 해석하면 任은 어머니, 那는 나라, 즉 일본의 어머니 나라는 가야가 되어 더욱 흥미롭다. 그래서인지 천왕 아키히토도 공식 석상에서 우리 조상의 설화가 있는 곳, 가야에 대한 과격한 대응은 말라는 당부를 한 바 있다.

일본 고대어 연구자인 츠쿠바대학 마부치 가즈오 교수가 그의 제자 경북대학교 「홍사만」 교수의 안내를 받아 한국의 남부지방에서 천황의 본향인 고천원을 조사하였는데 경북 고령이 고천원인 것이 분명하고, 이곳이 바로 일본 건국의 신들과 현재 신사의 주신 아마데라스 오미카미(天照大神) 여신이 2500~2600년 전에 '고령에 살았던 여왕'으로 6세기 일본 최초의 천황 중심 야마토(大和) 정부의 모국이라고 발표했다. 이 학설은 고고학적으로도 증명되고 있다. 일본 고고학 연구의 최고 권위자인 준코(1910~1996) 캘리포니아대학 교수는 일본을 최초로 정복한 한반도의 왕국은 가야가 틀림없다. 서울대학교 「이병도」교수도 일본 원주민을 제압하고 국가를 건국한 사람은 가야인이라 하였다. 이 두 학자는 왜국의 철제무기가 가야의 제품과 재질이 같기 때문이다. 또 후쿠오카대학 오다 후지오 교수도 북부 큐수에서 발굴된 야요이문화 물품들의 원산지가 고령지방의 무덤을 발굴하면 흔히 나오는 쇠칼, 곡옥, 동경이라 했다. 당시 이것을 아마데라스의 손자 니니기노 미코도(天神)가 일본으로 갖고 건너간 3종류 신기(神器)들이라 한다. 이와 같이 고령군 대가야읍은 한국과 일본의 학자가 인정하는 천황의 본향으로 입증되고 있다.

신들의 고향 고천원은 일본 왕가의 원향으로 거창군 가조설을 주장한다. 경북대 「김종택」명예교수는 일본의 개국 신 스사노모노미코도가 포악하여 고령 고천원으로부터 쫓겨나서 그의 아들을 데리고 신라국 증시무리(曾尸茂梨) 이두식 표기로 '소시모리', 즉 쇠머리(牛頭峰)에 와서 살았다. 그는 후에 동해를 건너 일본 이즈모국(出雲國) 하노가와 상류에 정착하여 새로운 고천원인 지금의 나라시 남쪽 가시하라(橿原)궁에서 진무천황(神武天皇)으로 즉위하였다고 주장한다.

여기에 나오는 소머리(牛頭山)는 대가야국의 주산인 가야산의 우수리(牛首里)가 아니고, 거창군 가조면 수월리에 있는 우두산 (1,046m)으로 그 아래 가조면 면사무소 들판이 바로 고천원이라는 주장이다. 거창군에서 예산 140억 원을 확보하고 일본 관광객을 끌

어들이는 시설이나 행사를 계획하고 있다는데 사실이면 친일의 논란
은 없을는지!

27-1 고천원 고지

27-2 대가야 박물관과 왕릉

고령 우곡면
도진리(저자의 고향)

　우리나라의 성씨제도가 고려중엽부터 확립되어 성씨의 본관이 고을지명을 따르게 되었는데 우리 시조가 고양대군(高陽大君)에 봉해진 것은 고령의 이름이 대가야(大伽倻)에서 바뀌어 고령(高靈) 또는 고양(高陽)으로 되었던 고려 말엽으로 짐작된다. 그래서 우리는 600여 년간 고령에서 살아왔다. 대가천과 용담천이 합류하여 흐르는 회천변이 우리의 보금자리 우곡면 도진리(桃津里)이고, 회천 제방에는 봄이면 복숭아꽃이 만발하여 마을 이름을 도원(桃源)이라 부르기도 하였다. 그래서 마을은 청룡산을 배경으로 배산임수에 위치하여 일견하여 닭실(酉谷)의 금계포란형(金鷄抱卵形)으로 볼 수 있으나, 기실 내앞(川前)의 완사명월형(浣紗明月形)에 부합한다.

조선 중기 이중환은 택리지(擇里志)에서 전통촌락 가거지(可居地)로 지리, 생리, 인심, 산수의 4가지라 했는데 도원은 모두 갖추고 있다. 즉 회천의 넓은 중류에 많은 부귀영화가 쌓이는 '지리(地理)', 비옥한 사질토양으로 농산물이 풍성한 '생리(生利)', 일족이 일색으로 단결하고 마음이 완악(頑惡)하지 않은 순후한 '인심(人心)', 갑좌경향(甲坐庚向) 마을에 원림화수(園林花樹)와 산자수명(山紫水明)한 '산수(山水)' 등은 이 나라에서도 찬란히 빛나는 유교문화를 이룩할 수 있는 씨족마을의 기반이 되었다.

마을은 조선 왕조 500년 동안 고령에서 가장 큰 명문의 동족부락(1960년대 200호)으로 성장하였다. 이것은 학문을 숭상하여 유현(儒賢)을 잇따라 배출함으로써 도학(道學)이 창명한 가문으로 대대 이어지고, 그래서 대가(大家) 시례(詩禮)의 모범이 오늘날에도 떨어지지 않고 있다. 또 효친(孝親)을 인본(人本)으로 하여 일가 간에 우애(友愛), 나라에는 충성(忠誠)을 다하는 구국의 혼이 살아 숨 쉬는 충렬의 고장이 되었다.

임란 초기에 「정완(廷琬)」, 「정번(廷璠)」 형제분이 가병을 이끌고 개산진과 무계진 전투에서 낙동강을 거슬러 올라오는 왜군 초병을 격퇴하고, 왜선 5척을 빼앗았다. 그 후 이분들의 아들 「원갑」, 「광선」, 「효선」 등 의병 3총사는 망우당 곽재우 진영에서 맹활약을 하였다. 그래서 성주를 분탕질하고 고령과 거창을 거쳐 전라도로 진격하려는 왜군의 작전을 저지하였다. 이는 후일 곡창지대 호남을 기반으로 반격해서 이 나라를 구할 수 있는 근거를 마련하였다. 이와 같은 우리 종문(宗門)의 찬란한 업적이 알려지고, 정부에서 구국에 기여한 애국 애족하는 가문을 발굴하는 사업과 맞물려 가장 먼저 1997년 7월에는 **경상북도 지정 충효마을**이 되었다(저자는 고양대군 34세손, 소윤공 20세손).

　우리나라를 '받는 나라'에서 '주는 나라'로 그 바탕을 만든 민족의 위대한 지도자 「박정희」 대통령은 우리 고령박씨 직강공파의 자랑스러운 성손(姓孫)이시다. 이분의 새마을운동은 오늘 새롭게 아프리카와 동남아시아 오지에서 새마을기가 나부끼고, 새벽종이 울리면서 글로벌(Global) 청빈(淸貧) 문제를 해결하기 위한 운동이 시작되어, 그분이 가고 안 계신 이승에서 지구촌(地球村) 영도자로 부상되어, 20세기 세계적 지도자인 터키의 케말파샤, 중국의 덩샤오핑(鄧小平), 프랑스의 드골 등과 어깨를 나란히 하고 있는 분으로 평가되고 있다. 또 이분의 따님이신 「박근혜」님은 국민 모두의 행복을 약속하고, 국민의 압도적 지지로 18대 대통령에 당선되셨다. 고령박씨는 두 분의 대통령을 배출하여 모든 성씨의 문중으로부터 흠앙(欽仰)과 존숭(尊崇)을 받을 수 있는 저명한 종문(宗門)이 되었다.

　여기서 박정희 대통령이 국민에게 당부한 말씀이 있는데, 우리 고령박씨 종인의 가슴에 새겨둘 행검(行檢)의 좌우명으로 소개하고 싶다. "우리 후손들이 오늘에 사는 우리 세대가 그들을 위해 무엇을 했고 조국을 위해 어떠한 일을 했느냐고 물을 때 우리는 서슴지 않고 조국 근대화의 신앙을 가지고 일하고 또 일했다고 떳떳하게 대답할 수 있게 합시다(1967년 1월 17일 대통령 박정희)" 그러면서 자기는 "서민 속에서 나고, 자라고, 일하고, 그리하여 그 서민의 인정 속에서 생(生)이 끝나기"를 저서(著書)《국가와 혁명과 나》의 내용에서 염원하시었다. 모든 성손은 일심으로 진력하여 우리 종문이 청사(靑史)에 길이 빛날 것을 고대해 마지않는다.

28-1 도진리 세거비

28-2 도원록 발간 고유제

29

영주
무섬마을

문수면 무섬마을은 안동 하회마을, 예천의 회룡포와 함께 한국의 대표적인 물도리마을이다. 낙동강의 지류 내성천과 영주천이 합수하여 무섬마을을 3면으로 휘감아 돌아 마치 육지 속의 섬처럼 살아가는 마을로 수도리(水島里), 섬계라 부르기도 하였다. 마을 남서쪽 만곡부에 넓은 금빛 모래사장이 있는데 이 마을의 랜드마크인 S자형의 '외나무다리'가 있다. 1979년 수도교가 건설될 때까지 약 350년 동안 도강수단이었다. 이 아름다운 낭만적인 다리는 KBS 드라마 〈사랑비〉, MBC 사극 〈옥중화〉 등의 촬영배경이 되었다. 이 외나무다리는 건설교통부 '2015년 한국의 아름다운 길 100선'에 마을은 '2015년 숙박 부분 한국 관광의 별'로 선정되었다.

풍수설에 의하면 이곳은 매화꽃이 휘날리는 매화낙지형(梅花落地形)이고, 연꽃이 물 위에 뜨는 연화부수형(蓮花浮水形)의 명당 길지로서 현인군자, 학자, 귀인, 사업가 등 다방면에 출중한 인물이 배출되는 곳이란다. 무섬마을은 1666년 먼저 반남박씨 「박수(朴燧)」 공이 이곳에 처음 터를 닦았다. 이어서 선성김씨 「김대(金臺)」 공이 입향조 박수의 증손녀와 혼인하여 2가문이 세거하는 집성촌이 되었다. 두 종가는 이웃하면서 박씨 집의 어머니가 김씨 집에 시집간 딸에게 음식물을 퍼 나른다고 담장이 다 닳았다는 고사도 있다. 그러나 선조로부터 물려받은 소중한 문화유산을 보전하여 '2013년 국가민속마을 278호'로 지정되었다. 도 민속자료와 문화재는 고가 9가구가 있고, 그 외 조선시대 100년 고옥이 16동 있다.

'만죽제(晚竹齋)'는 반남박씨 종가인데 현 종손 「박건우」 11대 입향조 박수 공이 지은 화려하지는 않으나 고졸한 품위를 가진 고가이다. '해우당(海愚堂)'은 고종 때 의금부 도사 「김낙풍」 가옥으로 관리상태가 수도리에서 으뜸이다. 이들 두 가옥은 수도리를 상징하는 조선시대 고옥의 전형이다. 편액 晚竹齋는 일제강점기에 서화협회 고문을 지낸 석운 박기양의 글씨이고, 海愚堂은 흥선 대원군의 친필이다. 무송헌, 오헌(吾軒), 김위진 등 고택은 뜰집으로 평면이 5칸×5칸 이상 큰 가옥이다. '무송헌'은 선성김씨 종택으로 입향조 김대 공이 터를 잡은 곳이나 현 가옥은 1923년에 건축되었고, 현 주인 김광호가 보수하여 사용하고 있다. '오헌'은 현 무섬마을 보존회 회장 박종우 가옥이고, 고종 때 병조참판을 지낸 5대조 박제연의 호이다. 현판 苞軒은 우의정을 지낸 환재 박규수 글씨이다. 여타 고옥은 몸채와 익사채를 무리하게 팔작지붕으로 변형시켜 보기가 민망한데 가까워지는 한양 가옥의 영향으로 보인다.

태백산간에 까치구멍집이 평야지대인 이 마을에 왜 지어진 것인가 신기할 따름이다. 「박덕우」와 「박천립」 가옥은 6칸 까치구멍 겹집(田자형)이다. 평면이 3칸×2인데 전열은 중앙의 봉당(封堂) 좌우에 사랑방과 부엌이 있고, 후열은 마루를 중심으로 좌우에 고방과 안방이 있는 겹집구조이다. 특히 용마루 양측에 까치구멍이 있어 부엌의 연기가 이곳으로 쉽게 빠진다. 「김뢰진」 가옥은 평면이 3칸×3으로 '9칸 까치구멍 겹겹집'으로 맨 후열에 상방, 마루, 건넌방이 추가되어 추위를 잘 이길 수 있는 3겹집이다. 이 가옥은 원래 김성규 가옥인데 그는 청록파 시인 조지훈의 장인으로 1928년 일경에 체포되어 옥고를 치른 독립운동가이다.

2016년 10월 이 마을에서 직선거리 4km 상류에 1.8억 톤을 담을 수 있는 영주 댐이 준공되었으나 3년째 담수를 못 하고 있다. 환경운동연합 등 13개 단체로 구성된 '내성천 살리기 대책위'가 영주댐 담수 결사반대를 외치고 있다. 그 이유는 상류에 영주시 도시하수, 과수원의 농약 등 오염원이 많아 물을 가두는 댐은 녹조 배양소 같은 역할을 할 것이고, 무엇보다 씻겨간 '모래층 1m 보충을 위해 내성천의 모래는 계속 흘러야 한다'는 것이다. 과연 1조 1천억을 들인 영주 댐은 물을 담을 수 없는 내성천의 애물단지인가? 아니면 물을 담아

낭만의 외나무다리를 보지 말아야 할 것인가? 우리는 지혜를 모아야 할 것이다.

29-1 만죽재 / 29-2 S자형 외나무다리

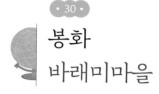

30

봉화
바래미마을

　봉화군에는 전통문화마을로 봉화읍 바래미, 닭실, 거촌 2리 황전, 물야면 오록리 창마 등 4개 마을이 지정되었다. 물야면 가평리 계서 성이성(1595~1664)은 남원부사이고, 이몽룡은 그의 아들 성몽룡 임이 설성경 연대 교수가 밝혔다. 그래서 춘향전 이몽룡은 실존 인물이고, 계서당(溪西堂)은 그의 생가이다. 2018년 체육관광부가 3년 연속 우수축제에 선정한 은어축제, 송이축제에서 이몽룡 & 방자 선발대회, 은어 잡기, 송이요리 체험행사로 많은 관광객을 유인하고 있다.

　바래미마을 입구에 충(忠) · 효(孝) · 예(禮) 전통문화마을 비, 독립운동 기념비(獨立運動 記念碑), 개암 선생 언문 시비 등의 비석 군이 있어 민족의식의 애국심을 고취하고 애향애촌의 마음을 함양하고 있다. 마을 이름은 하상보다 낮아 바다였다는 뜻으로 해저리(海底里) 또는 바래미라고 불렀다. 원래는 의령여(余)씨가 살았으나 지금은 부제학을 지낸 개암 「김우굉」공 후손이 230여 년 살고 있다. 그는 대사성과 대사헌을 지낸 동강 「김우옹」의 중형이다. 개암의 현손 팔오헌 「김성구(1641~1707)」는 현종 10년 식년 문과에 급제하고, 숙종조 가장 치열했던 사색당쟁 속에서 대사성, 강원도 관찰사 등 벼슬살이를 마치고 갑술환국으로 노론이 득세하자 하향하였다. 조부 때부터 살던 이웃 석평리로 가지 않고, 이 마을에 들어와서 '왕 우물'을 파고, 농토를 개척하여 정착한 바래미의 입향조이다. 이후 후손들은 학록서당을 지어서 후진을 양성 대과 급제자 18명이나 배출하였다.

바래미에서는 조선 후기 많은 유학자와 독립운동가를 배출했다. 특히 3.1만세 운동 직후 일족인 심산 「김창숙(1879~1962)」 선생을 비롯하여 지사들이 모여 만회고택의 명월루(明月樓)와 「김건영(1848~1924)」 사랑에서 파리 만국평화회의에 보낼 독립청원서도 작성하였다(성주군 초전면 백세각, 합천군 묘산면 묵와 고가에서도 회의). 남호 「김뢰식(1877~1935)」은 전 재산을 저당 잡아 받은 대부금으로 상해임시정부 독립운동자금으로 제공한 애국자이다.

'남호구택'은 농산 김난영이 고종 13년에 건립, 아들 남호 「김뢰식」에게 물려준 가옥으로 이 마을을 대표하는 상징적 고옥이다. 가옥의 평면이 ㅁ자(7칸×6칸) 뜰집인데 안동권과 달리 윗채, 익사채, 아래채가 전부 팔작지붕이고, 처마의 높이가 동일하다. 또 중문을 좌익채에 두고, 아래채에 있는 도장방이 사랑마당으로 돌출한 것이 이 가옥만의 특징이다. 남측의 '소강고택'은 남호의 둘째 아들 소강 「김창기」에게 1910년 지어준 가옥인데 기둥에서 문살 하나하나까지 춘양목을 사용한 미려한 가옥이다. 오른편에는 독립운동가 해관 '김건영 가옥'이 있는데 모두 동형의 ㅁ자형 뜰집이다.

'만회고택'은 순조 때 부승지를 지낸 만회 「김건수(1790~1854)」가 건립하였는데 본체는 ㄷ자, 사랑채는 T자형 평면이다. 안채는 맞배지붕으로 고식이나 사랑채는 멋스러운 누마루(明月樓)를 가진 팔작지붕 가옥으로 많은 문인들이 찾아와서 1,000여 수의 시를 남겼다. '개암종택'은 안채와 사랑채가 二자형 평면이 되어 남부지방에서도 초라한 구조이고, '해와고택'은 중부지방 맞곱패(ㄴㄱ)형으로 남부지방에서 희귀한 형이다. '토향고택(土香古宅)'은 반촌의 고즈넉함과 운치를 느낄 수 있는 민박집이다.

봉화군은 우리나라에서도 오지 중의 오지이나 자랑스러운 명가가 많다. 임금님 몰래 원기둥을 사용한 거촌 1리 광산김씨 '쌍벽당종택', 황전리 입구 큰 독(알)바위 3개와 도암정 숨결이 가득한 의성김씨 '경암헌고택', 선돌마을 입구에 날아갈 듯한 2층 영풍루가 있는 안동권씨 '송석헌고택' 등이 있다. 또 옛 봉화 현청이 있었던 춘양면에는 영친왕이 와서 문인들과 학문을 교류하고, 흥선 대원군의 친필이 빛나는 진주강씨의 장엄한 '晩山古宅(만산고택)'이 있다. 멀리 소천면에는 이승의 경계인 듯한 현동을 지나서 태백산 속 분천리에 들어가면 '도토마리집'과 '까치구멍집' 등이 있는데 묻어두고 나만 알고

가고 싶은 천상의 촌락과 가옥들이다.

30-1 만회고택 / 30-2 송석헌 영풍루

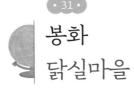

봉화
닭실마을

충재 「권벌(1478~1548)」공은 안동 북후면 도촌리 출신으로 1507년(중종 2) 문과에 급제하여 사헌부 지평을 시작으로 이조정랑, 영천군수, 도승지, 우찬성 등 요직을 두루 역임하였다. 1519년 중종 때에 정암 조광조 등 기호사림파가 중심이 되어 추진한 개혁정치에 영남사림파의 한사람으로 참여하여 파직되었고(기묘사화), 1545년 명종 때는 회재 「이언적」등과 함께 소윤이 대윤을 제거할 시 사림을 구하려다 실패했다(을사사화). 그 후 양재역 벽서사건에 연루되어 구례로 유배되었으나 곧 평안도 삭주로 이배되어 그곳에서 세상을 떠났다.

충재(沖齋) 공은 기묘사화 이후 1533년 용양위 부호군으로 복직될 때까지 15년간 외가 파평윤씨 마을인 이곳 유곡(酉谷), 즉 닭실(닥실, 달실)에 머물면서 일군 자취가 남아 있으며 후손이 500년간 집성촌을 이루어 온 삶이 안동권씨를 유곡권씨라 칭할 정도가 되었다. 닭실마을은 '금 닭이 알을 품은 형국'의 금계포란형(金鷄胞卵形)으로 실학자 이중환의 《택리지》에서 경주 양동, 안동 천전, 풍산 하회와 함께 조선 4대 길지 중의 하나이고, 또 유곡 일대는 전란의 피해가 적은 10승지(十勝之地)의 하나로 아늑하게 숨은 마을이다.

마을의 좌측을 휘감고 흐르는 석천계곡에는 기암괴석과 금강소나무 숲이 어우러져 수려한 경관을 이룬다. 태백산(1,567m)에서 발원한 물이 옥적봉을 지나 유곡에 이르러 옥수가 흐르는 석천계곡이 된다. 이곳에 충재의 장자 「권동보」가 지었다는 석천정사와 삼계서원은 숲속에 숨겨놓은 보석 같다. 이 계곡에는 '하늘 위의 신선이 산다는 마을', 청하동천(靑霞洞天)이라는 글씨를 5대손 「권두응」이 초서체로 바위에 새겨두어서 밤마다 소란을 피워 선비들의 공부를 방해하던 도깨비들이 뿔뿔이 흩어졌다고 한다.

닭실마을과 석천계곡 일대가 내성 '유곡 권충재 관계유적(사적 및 명승 3호)'으로 지정된 곳의 중심에는 선생의 종가와 재사 추원재가 있고, 석천계곡 가까이 청암정과 별채가 있다. 또 2007년 완공한 충재박물관이 있어서 충재일기(보물 2호), 세초도, 근사록, 전적, 고문서 등 문화재 467점이 보관되어 있다. 선생은 거북 모양의 너럭바위 위에 그 명성이 회자되는 청암정(靑巖亭)을 중종 21년 건립하였는데 평면이 T자이고 대청마루(3칸×2)와 마루방(2칸×1)이 있는 넓은 정자이다. 이 정자 앞에는 그가 거처하며 공부하는 별채인 충재(沖齋)를 짓고, 그사이에 물길 척축천을 돌렸다.

충재 뜰과 정자를 오갈 수 있도록 만든 낮은 돌다리가 탐방문인의 시상을 이끌어 내었다. 그래서 정자마루에 올라서면 퇴계 이황, 관원 박계현, 백담 구봉령, 눌은 이광정, 번암 채제공 등 조선 중·후기 명사들의 시와 명필이 있다. 특히 미수 허목이 죽기 3일 전에 쓴 절필작인 전서체 靑巖水石, 함경도 경원의 성남루 편액을 써서 글씨로 이름을 날렸던 남명 조식의 제자 매암 「조식」이 쓴 현판 靑巖亭 등은 정자의 품격을 더 높여주고 있다. 이곳은 SBS 드라마 〈바람의 화원〉, MBC 사극 〈동이〉, KBS2 〈추노〉, KBS 〈정도전〉, 영화 〈스캔들〉 등의 배경이 되었다.

충재종택은 몸체 ㅡ자와 아래채 ㄷ자가 결합된 튼 ㅁ자형의 반개방형의 평면이고, 사랑채는 규모가 크고 균형 있는 팔작지붕이 화려한 외관을 하고 있다. 더욱이 솟을대문, 중문, 안 사랑채를 갖추어서 반가의 품위를 받침하고 있다. 특별히 이 가문에 빛나는 것은 충재 선생의 불천위 제사상에 오르는 12가지 편이 있다. 제사음식은 가문마다 다른데 이 가문의 제사떡은 본편과 웃기떡으로 우선 구분된다. 먼저 본편인 동기(상투에 꽂는 장신구) 떡을 쌓고 그 위에 웃기떡인 청절편, 밀 비지, 송기송편, 경단, 쑥단자, 부편 등 12가지 편을 차례로 쌓는다. 편을 다른 모양과 다른 색으로 조합하여 만든 것을 하나의 소우주라 생각하면서 500년을 이어온 닭실을 대표하는 제사음식이다. 이 오색 한과를 마을부녀회가 '닭실 한과'로 상품화하여 전

국적인 명성(2020년 설 3,500상자 주문)을 얻고 있다.

31-1 닭실 권씨 종택 / 31-2 청암정

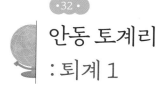

안동 토계리
: 퇴계 1

　퇴계 「이황(1501~1570)」 선생은 매화를 끔찍이도 사랑해서 매화를 노래한 시가 100수가 넘는다. 단양군수 시절 선생이 만났던 관기 「두향」 때문으로 보인다. 당시 퇴계 선생은 48세이고, 두향은 방년 18세이다. 부인과 아들을 잇달아 잃고 홀로 부임, 그 빈 가슴에 한 떨기 설중매 같았던 두향을 품지 않을 수 없어서리! 두향은 신임군수 퇴계의 고매한 인품과 심오한 학문에 매료되어 사별한 어머니로부터 물려받아 애지중지하던 매화 화분을 군수의 처소에 옮겨놓았다. 선생은 돌려주려 하였으나 받기를 간청하여 대신 말없이 이 시(詩)를 주었다.

● 퇴계 선생이 두향에게

> "누렇게 바랜 옛 책 속에서 성현을 대하며/ 비어 있는 방안에
> 초연히 앉았노라/ 매화 핀 창가에서 봄소식을 다시 보니/ 거문
> 고 마주 앉아 줄 끊겼다 한탄 말라"

두향이 시(詩)와 서(書), 가야금에 능했고 특히 매화를 좋아했으니 천생연분이 아니던가? 퇴계 선생이 풍기군수로 가면서 깊은 사랑은 겨우 9개월 만에 끝나고, 한 사람이 죽어서야 두 사람은 만날 수 있었다. 21년 후 선생이 돌아가시자 두향은 소복을 입고 단양에서 도산까지 4일간 걸어서 문상하고 돌아온 두향은 남한강에 몸을 던져 생을 마감했다 한다.

● 두향이 퇴계 선생을 풍기군수로 보내면서

> "이별이 하도 서러워 잔 들고 슬피 울제/ 어느덧 술 다하고 임
> 마저 가는구나/ 꽃지고 새우는 봄날을 어이할 가 하오리"

단양팔경인 옥순봉과 구담봉에서 잘 보이는 장회나루 휴게소에는 스토리텔링 공원이 조성되어 있는데 매화꽃을 들고 서있는 퇴계와 거문고를 타는 두향의 모습을 새긴 청동상이 있다. 또 이들의 만남에서 이별까지 스토리를 12개의 입석에 새겨두었는데 이곳 동북 편 두향의 묘소에서 두향이가 내려다보면서 이승에서 못다 한 사랑을 즐기는 듯하다.

성리학은 송나라 주자에 의해서 집대성되었던 학문인데, '기본적으로 무엇이 정통인가'를 파고들어 가는 학문이다. 16세기 조선 성리학에서 이기론(理氣論)의 이론적인 체계를 확립했는데 퇴계는 이기이원론(理氣二元論)을 취하고 이기호발론(理氣互發論)을 주장하였고, 율곡은 이기일원론(理氣一元論)을 취하고, 이기공발론(理氣共發論)을 주장하였다. 이 세계의 존재는 이(理)와 기(氣)로 되어 있다. 理란 어떤 것이 존재할 수 있는 이치요 본래성이고, 주자학에서는 진리, 원리, 도덕적 규범이란 것이다. 氣란 어떤 것의 이치가 실현될 수 있는 재료(물질)이자 실현될 힘(에너지)이고, 또 현실적인 존재를 일컫는다. 철학 교수「유권종」은 氣를 말로 보고, 理를 말 위에 탄 사람으로 비유하였다. 중국 철학자 풍우란은 理는 설계도, 氣는 건축 재료로 비유했다. 또 다른 학자는 理와 氣의 관계는 마음(理)과 표정(氣)의 관계라 했다.

퇴계는 理와 氣가 분리된 이원론(二元論)으로서 그중 이발(理發)이 우선하고, 그 뒤를 기발(氣發)이 따르는, 즉 이기(理氣)가 따로 호발(互發)한다는 '주리론(主理論)'을 주장하여 이 이론을 지지하는 제자가 영남학파를 형성했다. 율곡은 퇴계와 달리 理와 氣가 한 몸으로 氣가 발하면 理가 그것을 타게 되어 理氣가 동시에 공발(共發)한다는 '주기론(主氣論)'을 주장하여 이를 지지하는 학자가 기호학파를 형성했다. 즉 이황은 理를 아주 중시하고, 이이는 상대적으로 氣를 중시했다. 이황은 좀 더 이상적이고, 이이는 현실적인 느낌이 든다. 성리학 핵심적인 개념인 理와 氣의 두 글자를 둘러싼 논쟁은 이황과 기대승 간에 4단(측은, 수오, 사양, 시비), 7정(기쁨, 노여움, 슬픔, 두려움, 사랑, 싫어함, 바람) 논변을 비롯하여 이들 양 학파 간에 대립은 조선 왕조에서 400년 이상 지속되었고, 지금도 한 치도 나아가지 못하고 수많은 학자들 간에 난타전으로 끝난다.

이황의 학풍은 문하생인 류성룡, 김성일, 정구, 조목 등에게 계승되어 영남의 퇴계학파를 이루었으나 시간이 지나면서 남명학파를 통합하여 영남학파를 대표하게 되었다. 조선 중기 이후 동서당쟁은 영남학파와 기호학파의 대립과 이들의 정치적 이해와 일상생활까지 관계되어 전개되었다.

32-1 퇴계태실 / 32-2 노송정

안동 하계리
: 퇴계 2

 퇴계 이황 선생의 직접 가르침을 오래 받은 월천 조목이 간재 「이덕홍」에게 "선생에게는 성현(聖賢)이라 할만한 풍모가 있다"라고 했을 때 이덕홍은 "풍모만 훌륭한 것이 아니다" 하고 답했다고 한다. 그 후 「이익」은 《이자수어(李子粹語)》를 찬술해서 이황에게 성인(聖人)의 칭호를 썼다. 이런 사실로서 제자들에게 성현의 예우를 받는 분으로 한국 유림에서 찬연히 빛나는 제일인자이다.

 도학군자에게 시집보낸 장모가 걱정이 되어 이튿날 신방에서 나오는 딸을 붙들고 은근히 신랑이 귀여워해 주더냐? 딸이 "말도 마시소, 개입디더"라 하였다. 어느 아낙네가 둘째 권씨 부인에게 "마님께서는 부군께서 고명한 유학자시니 재미가 없으시겠습니다."라고 말하니 "자네는 이황이 밤에도 이황인 줄 아는가?"라고 하였다. 여기에서 '밤 퇴계와 낮 퇴계'라는 말이 나온듯하다. 퇴계 선생은 운우지정(雲雨之情)을 이들 제자에게 이야기했다. 방사 행위는 먹구름이 몰려오고 천둥과 번개가 치고 바람이 몰아쳐야 비가 내리거늘 이러한 난잡한 방사 장면이 천지간에 자연의 섭리가 아니겠는가? 그러면서 "여자는 자고로 밤이 즐거워야 탈이 없는 법", 나아가 운우지락(雲雨之樂)까지 가르쳤다. 그리고 율곡의 근엄한 방사 행위를 듣고 후손이 귀하겠구먼! 하고 적장자가 없을 것을 예언하였다.

이황은 생후 7개월에 아버지를 여의고 현부인 생모 박씨의 훈도 밑에서 총명한 자질을 키웠다. 그는 22세에 김해허씨와 결혼하여 2남을 얻고 부인은 27세에 사망한다. 30세에 정신이 혼미하고 지적 장애를 가진 안동권씨 「권질」의 딸과 재혼하였다. 퇴계는 이 부인을 때로는 사랑으로 때로는 인내로 포용하여 부부(夫婦)의 도리를 다하였다. 한편으로 이황은 이재에 밝았다고 후손인 경북대 「이광필」 명예교수의 전언이다. 사후 그가 남긴 재산은 전답이 3,000두락, 노비 250명인데 당시 학자가 평균 300~500두락, 노비 100명에 비하면 거부라고 서울대 이영훈 명예교수의 분석이다.

교육은 태실 사랑채 노송정(老松亭)에서 12세 시 숙부 「이우」로부터 논어를 배우고 14세 경부터 혼자 익혔다. 그는 20대 후반에 진사가 되고 30대 초반에 문과에 합격하였다. 벼슬길은 학문적 깊이에 비해서 늦게 들어선 셈이다. 그는 명종 3년 단양군수, 풍기군수를 거치고 승승장구하여 판서를 거쳐 학자문사의 최고 영예인 양관대제학이 되었다. 1570년 종가의 시제 때 무리를 해서 타계하자 선조는 3

일간 정사를 폐하고 영의정을 추증하였다. 1970년 이후 경북대에서 퇴계학연구소가 설립되고 나아가 일본, 대만, 미국에서 퇴계학연구회가 설립되어 학술회의를 개최하고 있다.

'퇴계종택'은 도산면 진성이씨 동족촌 토계리 하계마을에서 서쪽으로 약 1km 떨어진 독가촌으로 1929년 퇴계 선생 13대손 「이하정」공이 사림 및 종중의 협조로 새로 지었다. 종택은 총 34칸의 규모가 큰 口자(6칸×5칸) 뜰집으로 안동권의 대표적인 대가이다. 종택 우측에는 팔작지붕의 秋月寒水亭(추월한수정)이 있는데 큰사랑으로 이용된다. 하계마을은 안동호에 의한 수몰로 가장자리에 수졸당, 이재영과 이재곤 고옥 등이 이건되었다. '수졸당'은 퇴계 선생 셋째 손자 동암 「이영도」와 그의 아들 수졸당 「이기」 종택(口자)인데 이곳 하계리는 동암 후손만이 450년 거주한 동족촌락이다. 「이재곤」 가옥은 口자형이나 안마당, 즉 뜰이 2칸×1.5칸으로 우리나라에서 가장 작은 뜰집이다. 퇴계태실과 노송정은 도산면소가 있는 온혜리에 조부 「이계양」 공이 건립하였다. 안채 중앙에서 뜰로 돌출한 태실에서 이황 선생이 태어났다.

하계마을에 있던 순국의사 「이만도」의 향산고택은 안동시 안막동에 이건하였다. 향산은 퇴계 11대손으로 학자 겸 독립운동가이다. 1910년 한일 합방이 되자 단식 24일 만에 순국하였다. 이웃 원천리 출신 「이육사」는 퇴계의 13대손으로 시인 겸 독립운동가이다. 그는 39년 인생살이 중 옥살이만 17번 하였다. 조흥은행 폭파사건에 연루되어 3년간 옥고를 치를 때 수인번호 264번을 아명 이원록을 대신하여 이육사가 되었다. 그는 시인으로서 〈청포도〉, 〈절정〉, 〈광야〉, 〈황혼〉 등의 대표 시에서 독립지사로서 강한 의지를 담고 있다. 현재 '청포도를 상징하는 시비'와 '육사 기념관'은 원천리에 그대로 남아 방문객을 반긴다.

33-1 하계리 이재곤 가옥 / 33-2 이육사 시 공원

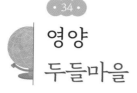

34

영양
두들마을

동해안의 해안단구, 반변천의 하안단구 등은 우리나라에서도 2단의 단구(段丘)가 잘 발달한 곳이다. 그래서 반변천의 지류인 화매천도 마찬가지로 단구(언덕)가 발달하여 그 상단에 두들마을이 위치하고 있다. 두들마을이란 '언덕 위의 마을'이라는 뜻이다. 이와 같이 한반도가 서해안은 침강하고, 동해안은 융기하여 동해안 쪽에 높은 해안단구가 형성된 것은 비대칭적 조륙운동의 결과이다.

조선 중기 유학자 석계 「이시명(1590~1674)」은 병자호란을 피해서 영해 인량리에서 일월산 아래 수비면으로 피난한 이후, 고향으로 돌아가지 않고 이곳 영양군 석보면 원리에 마을 터를 닦아 재령이씨의 큰 집성촌으로 성장하여 전통적인 촌락문화를 이어오고 있다. 석계 공은 안동 유학자 경당 장흥효의 무남독녀 「장계향」과 재혼하여 10여 명의 자녀를 두었고, 3남 「이현일」 손자 「이재」 등 3대에 걸쳐 대학자를 배출한 가문이다.

갈암 이현일(1627~1704)은 퇴계학의 주리론(主理論)을 이어받아 영남을 대표하는 성리학자이다. 허목과 윤휴 등 근기남인이 영남남인의 영수 갈암을 추천하여 1680년 사헌부 지평으로 출사하였다. 장희빈의 아들 「윤(훗날 경종)」을 원자로 삼으려는 숙종에 반대하여 서인이 쫓겨나는 기사환국 이후 고속 승진하여 대사헌을 거쳐 정2품의 이조판서에 오르면서 모친에게 사후에 貞夫人(정부인) 품계가 추증되었다. 그러나 1694년 폐비 민씨가 복위되고, 왕비가 (장)희빈으로 강등되는 갑술환국으로 남인이 몰락하면서 1699년 관직을 삭탈당하고 방귀전리(放歸田里)되었다.

정부인 장씨(1593~1680)는 시, 서, 화에 능하여 여성 군자로 불리었다. 그녀는 9수의 한시를 남긴 시인이고, 맹호도와 산수화를 남긴 화가이다. 무엇보다 70이 넘어서 지은 책 **《음식디미방》**은 1600년대 조선시대 중·후기 경상도 양반가의 음식조리법, 식품보관법에 관한 조리서다. 책에는 146가지 음식조리법이 있는데 51가지가 칠일주, 이화주, 삼해주, 소곡주 등 술을 빚는 법이다. 이 마을 《음식디미방》 체험관은 340년 동안 양반가의 음식을 오늘날 입맛에 맞도록 재현해 낸 것이다. 주요 메뉴를 정부인상(5.5만 원)과 소부인상(3.3만 원)에서 보면 도토리 죽, 감향주, 어만두, 빈자병, 석류탕, 가제육과 후식으로 석이 편법(떡), 오미자차 등이 나온다. 그래서 2018년부터 문을 연 '장계향 문화체험 교육원'은 많은 관광객이 찾는다. 특히 재령이씨 13대 종부 「조귀분」 씨가 진행하는 조리는 바삭하고 고소한 식감이 살아나 시대를 초월한 전통의 맛과 향기를 느낄 수 있다.

요절(31세) 항일시인 「이병각」은 〈비오는 거리〉, 〈생쥐 이야기〉, 〈반변천의 추억〉 등을 남기었다. 소설가 「이문열」은 한국문학의 거장으로 소설 《선택》, 《그해 겨울》, 《우리들의 일그러진 영웅》 등을 그려내었다. 두들마을은 이들 작품 속 인물들의 삶의 역정이 펼쳐지는 무대이기도 하다. 이문열은 2001년 광산문학연구소(匡山文宇)를 마을 뒤에 세워 조상의 문화유산을 이어가면서 현대문학의 연구를 위하여 설립하였다.

두들마을은 30여 동의 고옥이 잘 보존되어 있다. '석계고택'은 370여 년 된 고옥의 상징으로 평면은 전형적인 남부지방 二자형이고 이 마을에서 드문 맞배지붕이다. '석계종택'과 '석간고택'은 지붕과 처마의 높이가 몸채, 익사채, 아래채가 각각 3계층이고, 큰방 뒤에 도장방이 있고, 큰방 일부와 부엌이 좌익사채에 내려온 것, 아래채에는 대문 좌측에 사랑, 우측에 우사를 두는 것 등이 초기 안동권의 고식적 ㅁ자형 뜰집의 전형이다. 그 외 이병각 가옥 유우당과 주곡고택은 이웃 주남리에서 이건하였는데 모든 것이 이 마을 가옥과 동일하나 사랑채를 팔작지붕으로 멋을 내었다.

1994년 문화마을로 지정되면서 마을 안길을 넓히고, 유물 간의 탐방로를 만들어 연결하고, 정부인(貞夫人) 유적비, 넓은 주차장, 마을 광장을 건립하여 마을 경관을 일신시켰다. 갈암의 4남 「이승일」이 화매천의 단구애(段丘崖)에 새겨놓은 동대, 서대, 낙기대, 세심대 등의 글자도 깨끗하게 정비하여 탐방객을 반기고 있다.

34-1 두들마을 / 34-2 석계고택

35

영양
주실마을

1519년 정암 「조광조」와 연루된 기묘사화가 일어나자 멸문의 화를 면하기 위해 친척들은 전국 각지로 흩어지게 되었는데 약 380년 전 정암의 방계인 호은 「조전」 공은 이곳 영양군 일월면 주실 명당에 정착하여, 한양조씨의 집성촌이 되었다. 주실을 탄생케 한 조광조 등은 진보적인 신진 사림세력으로 성리학적 이상국가 건설을 구현하려고 하였다. 그러나 중종과 훈구파들은 이들 사림파 선비들을 핏빛 숙청을 하였다. 정암은 화순에 유배되었으나 심정, 남곤, 홍경주 등이 함께 중상하여 결국 38세의 짧은 나이에 사사되었다. 정암은 사약을 앞에 놓고 절명시를 읊고, 사약을 마셨으나 죽지 않자 손수 한 사발의 사약을 더 마시고 이승을 하직하였다.

○ **절명시**(絶命詩)

"임금을 어버이 같이 사랑하였고/ 나라 걱정하기를 내 집같이
하였다/ 밝은 햇빛이 세상을 굽어보고 있으니/ 거짓 없는 내 마
음을 환하게 비춰 주리라"

영양 주실의 주산은 일월산(日月山)이고, 안산은 문필봉(文筆峰)
이다. 일월산은 해(日)와 달(月)이 합하면 밝음(明)이 되어 명산 중의
명산의 뜻을 의미하게 된다. 이 명산에서 3개의 지맥이 내려와서 마
을을 감싸는 기(氣)보다 마을 정면에 있는 문필봉의 기(氣)가 더 강
하여 이것이 대학자를 많이 태어나게 한다는 풍수지리학상의 길지
(吉地)라는 해석이다.

「조지훈(1920~1968)」은 시인이자 문학자인데 증조부 「조승기」는
의병대장, 조부 조인석은 사헌부 대간, 부 「조헌영」은 국회의원, 삼
촌 조준영 대구시장, 고모 조애영 시조시인으로 가문의 빛이 두껍
다. 또 이 마을에서 삼성가의 맏사위 겸 고려병원장이고 경북대 동
창회장인 「조운해」, 인문학의 대가 조동일(국문학), 조동걸과 조동원
(역사학) 등 14명 교수, 공군 참모총장 장군 조근해 등 다수의 저명
인사를 배출하였다. 이것이 고추와 담배만 재배하는 산골 오지에서
풍수설의 기적들이라 한다!

조지훈은 박목월, 박두진과 함께 청록파 시인이다. 조지훈의 대표
작 〈승무〉를 위시하여 〈봉황수〉, 〈완화삼〉, 〈고사(古寺)〉 등 250여
수의 시를 남겼다. 그중 〈승무〉는 민족사의 맥락과 고전미 세계에

대한 찬양과 선 세계에 대한 노래이다. 누군가 시를 씹고, 뜯고, 맛보고, 즐기고 나면 가장 좋아하는 시인은 '윤동주'이고, 가장 좋아하는 시는 바로 〈승무〉라고 했던가?

● 승무(僧舞)

"얇은 사 하이얀 고깔은 고이 접어서 나빌 레라/ 파르라니 깎은 머리 박사 고깔에 감추 오고/ 두 볼에 흐르는 빛이 정작으로 고와서 서러워라/ 빈대에 황촉불이 말없이 녹는 밤에/ 오동잎 잎새마다 달이 지는데~~~"

'호은종택'은 1629년(인조 7) 입향조 호은 조전 공의 차자 조정형이 지었다. 평면이 ㅁ자형이어서 고택인 것을 짐작할 수 있으나 한때는 마도가라스 등으로 고옥의 멋을 찾을 길이 없었다. '옥천종택과 초당'은 17세기 건립된 입향조의 현손으로 동부승지를 지낸「조덕린」의 종가로서 마을 뒤 명당에 위치하여 주실마을을 한눈에 볼 정도로 전망이 훌륭하다. 이 가옥은 청송군 서벽고택과 함께 안동권에서 가장 고식적 뜰집의 하나로서 뜰에서 하늘을 보면 ㅁ자가 마치 우물같이 보여서 청송지역과 함께 '우물 정(井)자 집'이라 부르기도 한다.

2007년 정부의 전원마을 조성사업 일환으로 마을 우측에 지훈 문학관을 건립하고, 좌측 산자락에는 지훈 시 공원을 조성하여 10여 개의 조형물과 함께 시비를 세워 특성을 살린 마을이 되었다. 주실은 안동문화권에서 잘 받아들이지 않는 실학, 교회, 신교육, 단발령 등을 일찍이 받아들여, 보수적인 이 지역에 빠른 변화를 가져왔다.

마을 초입에는 거목들이 훼손되지 않아 천상의 마을로 들어가는 것처럼 신비감마저 들고, 사투리를 섞어 불러 보비(補裨)의 의미가 있는 이 수구막이 숲은 '2008년 아름다운 숲 전국대회 대상'을 수상하였다.

35-1 마을 숲 / 35-2 시 공원

영덕
인양마을

경북 동해안은 포항 흥해, 영덕 영해, 울진 평해 등 3개 해안평야가 최대 곡창지대이다. 그중에서 영덕의 영해가 가장 넓은 평야로서 현재의 영덕군 영해면, 창수면, 축산면, 병곡면이 포함되고 그 중심지는 창수면 인양리이다. 인양리는 삼한시대부터 우시국(于尸國)의 도읍지로서 나랏골, 국시동으로 불렀다. 고려 현종 때는 영해부에 방어사를 두었고, 조선 태종 13년(1413)에 도호부사를 두었는데 당시 인천, 동래와 동급 도호부이었다. 그래서 군정(軍丁) 194인이 주둔하여 왜구의 끊임없는 노략질로부터 이 지역을 완벽하게 보호하였다.

인양리(仁良里)는 학의 날개가 마을을 품은듯한 배산임수 지형이고, 광해군 때부터 어질고 인자한 현인(문과급제 18명, 생원진사 44

명, 충의 14명, 효자 15명)들이 배출되는 마을이라 하여 仁良里라 불렀다. 가장 먼저 대흥백씨가 토성인 영해박씨와 혼인하여 나랫골에 정착하였다. 그 후 대흥백씨 고명딸과 혼인한 재령이씨 입향조 「이애」공이 처재(妻財)를 받아 정착하면서 영양남씨, 안동권씨, 재령이씨, 영천이씨, 무안박씨 등 8개 성씨 12 종가가 터를 잡고 고옥, 정자, 제사 등 많은 유·무형문화재를 남겼다.

재령이씨 '운악종택과 충효당'은 운악 「이함」이 성종 연간에 건립한 튼 ㅁ자형 가옥으로 그의 손자 갈암 이현일이 출생한 곳이기도 하다. 이 종택의 기관이경(奇觀異景) 명당이 명현을 많이 배출하는 것 등 집 앞의 은행나무가 500년 동안이나 지켜봤다고 믿고 있다. 삼보 컴퓨터를 창업한 「이용태」명예회장이 이곳 충효당의 종손이다. '우계종택'은 운악의 차자 우계 「이시형」이 1607년 이곳에 건립한 가장 고식적인 ㅁ자형 뜰집이고, 이후 영해 전역으로 확산된 것이 분명하다. 갈암종택은 팔작지붕을 중첩합시킨 가옥으로 최근 청송군 진보면 광덕리서 이건하였다.

'오봉종택'은 1450년대 안동권씨 부정공파 오봉 「권책」의 종택이다. 단종의 외숙부 권자신이 세조에게 극형의 화를 당하고, 그의 어린 아들 권책이 유배 와서 여생을 보내고 그 후손들이 이어온 가옥이다. 종택 좌측 축대 위에 벽산정이 주인의 체면을 가름하고 있다. '삼벽당'은 영천이씨 하연공파 「이중량(1504~1582)」의 종택으로 소나무, 대나무, 오동나무가 가옥의 배경이 되어 三碧堂이라 하였다. 그는 농암 이현보 선생의 아들로 강원도 관찰사를 역임하면서 선정하였다. 정침의 평면은 5칸×5칸의 뜰집으로 큰 가옥이고 사랑채는 난간이 있는 2칸×2의 큰 누마루가 있다. 이 삼벽당은 충효당종택, 오봉종택과 함께 마을을 대표하는 고택이다.

'용암종택'은 병조참의를 지낸 선산김씨 용암 「김익중(1678~1740)」공의 종택으로 영해지방에서 드물게 균형 잡힌 외관을 하고 있는 뜰집이다. '영덕 만괴헌'은 건축 당시는 야성정씨 「정상기」 가옥이고, '인양 지족당'은 영조 때 장수 현감을 지낸 안동인 「권만두」가 건축하였는데 이문열이 쓴 소설 선택의 배경이라 한다. 이 두 고택은 양날개 뜰집으로 산록에 나란히 위치하여 쌍둥이 가옥으로 보인다. 그 외에 미곡동 평산신씨 죽노공 종가, 오촌리 존재종택과 삼계리 함양박씨 종가 등 가옥은 종가댁으로 위상과 품위를 갖추고 있다.

갈천리 좁은 산곡에 까치구멍집, 화수루, 청간정이 일곽을 이루는데 초가 까치구멍집은 삼척 너와집이나 굴피집처럼 田자형 겹집이다. 이런 겹집 분포의 남쪽 한계가 아닌가 생각한다. 인접한 화수루는 권자신을 배향한 재사인데 안동권씨 옥천재사(유형 82호)로 바꾸어 부르고 있고, 2층 누각에 오르는 통나무계단이 토속적이어서 눈길을 끈다.

조선 중·후기부터 이곳 주민들은 영해평야와 동해안의 풍부한 물산을 바탕으로 강력한 사회경제적 기반을 구축하고 정치사회적 활동을 전개하였다. 특히 안동권과 중첩 혼인관계를 맺어 보기 드물게 유수한 반촌을 형성하고 발전시켜 영해지방이 '소안동'이라는 별명을 가지게 되었다. 그 외 독특한 문화로 노래와 춤(월월이 청청, 달넘

세), 영해별신굿(성주굿, 탈굿), 측입형 가옥 등이 있다.

36-1 인양 충효당 / 36-2 까치구멍집

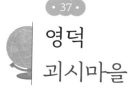

영덕
괴시마을

고려 후기의 충신이고, 대문장가인 목은 「이색(1328~1396)」 공이 원(元)나라에서 고국으로 오는 길에 들른 중국 구양박사방(歐陽博士坊)의 괴시마을과 자신이 태어난 외가마을 호지촌(괴시마을 옛 이름)이 비슷해서 귀국 후 괴시(槐市)로 고쳐 불렀다고 전한다. 마을 앞은 기름진 영해평야가 펼쳐지고 남동쪽의 망일봉에서 뻗어 내려오는 산세가 마을을 입(入)자 모양으로 둘러싸고, 그 앞을 송천이 호지(濠池)를 만들고 바다로 흐르고 있다. 이러한 자연지형에 맞추어 대부분의 고택들이 서남향으로 자리 잡고 있다.

고려의 수도 개경의 궁궐에는 건물 중앙에 ㅁ자형 뜰을 둔 폐쇄형 가옥이 보편적이다. 이러한 가옥은 안동(삼태사)과 청송(신숭겸 장군)의 개국공신들이 그대로 원형을 안동권으로 가져왔고, 또 안동의 사대부가에서 여인의 외출을 제한하는 안동권 ㅁ자 뜰집으로 고착시켰다. 더욱이 이들 가옥은 태백산맥을 넘어 작은 안동 영해부까지 확산되었다.

안동권의 뜰집은 전입형(前入型)이다. 즉 사랑채와 안채가 앞뒤로 나란하고 대문 옆에는 3~4칸의 사랑의 정면이 온다. 그러나 이곳 괴시리는 안채와 사랑채가 직각을 이루고 대문 옆에 사랑채 측면 1칸의 삼각형 박공지붕이 오는 측입형(側入型)이다. 이 가옥은 가까운 인양리에는 한 채도 없어도 울진에는 10여 동의 가옥이 아직도 남아 있다. 이 측입형 가옥의 외형은 전술한 고성군 왕곡마을의 '외양간이 돌출한 곡가형 겹집'과 일견 유사하나 평면은 안동권의 ㅁ자형 뜰집이어서 전국에서 유일하게 **괴시와 울진 고옥**으로 독특하게 정착된 듯하다.

괴시마을은 영양남씨 동족촌락으로 「남붕익」 공이 17세기 건축한 영양남씨 괴시파종택(민속자료 75호) 입천정(卄天亭 : 흥선 대원군의 친필)을 비롯하여 그 외 200년 이상 된 고택들 30여 가구가 옛 모습 그대로 보존되고 있다. 이 마을은 측입형 뜰집이 아이콘으로서 1988년 '전통건조물보존지구(일제시대 방식)'로 보존신청을 한 바 있다. 그러나 정부는 허가 대신에 전통가옥의 보수, 이색 선생 기념관 건립, 넓은 주차장 조성 등 대표적인 관광촌락으로 면모를 일신시켜 '괴시리 전통마을'로 호칭한다.

마을에서 경주댁, 태남댁, 영감댁, 사곡댁, 혜촌고택, 물소와고택,

구계댁 등이 측입형 ㅁ자 뜰집이고, 영양남씨 종택, 천전댁, 주곡댁 3 가구만 안동권의 전입형 ㅁ자 뜰집이다. 특히 '경주댁'은 괴시리 입향 조인 「남세하」가 인조 8년(1630) 인양리서 이주할 때 지은 측입형으로 남씨에 의하여 처음 건축된 고옥임이 분명하다. 그 후 건축한 '물소와고택과 구계댁'은 우익사 1칸이 대문보다 돌출한 (외)측입형 뜰집이 되었다. 이들 가옥은 좀 더 서구식 외형을 보여주고 있어 호지인이 가진 선견지명이 아닌가 싶다. 이러한 측입형이 괴시리와 울진만의 분포는 영양남씨의 전 거주지가 울진인 것과 관계있는 듯하다.

축산면 도곡리 일명 가마골은 약 370년 전에 무안박씨가 입향하여 현재 58호 중 50호가 박씨이다. 무의공 「박의장」은 유일재 김언기 문인으로서 임란 시 경주탈환에 비격진천뢰를 처음 사용하여 전세를 반전시키는 큰 공을 세우고 선무훈일등공신에 녹훈되었다. 도곡리의 무안박씨 '무의공 종택과 충효당'은 누구의 눈에도 궁궐의 건물이 아닌가 착각할 정도로 동해안의 한촌에 어울리지 않게 우람하고 장중한 건물로 보인다. 충효당은 무의공의 4자이며 영의정 류성룡의 손서인 도와 「박선」 공이 건축하였고 또 종택도 맏형 박유를 위해 건립하였다. 두 건물 다 튼 ㅁ자형으로 안채보다 사랑채가 너무 높아 유가에서 남자들의 높은 위상을 상징하는 듯하다. 충효당의 사랑채에 미수 허목이 박선의 충효를 기리는 뜻으로 전서체로 쓴 忠孝堂(충효당) 현판이 마루의 천장 보에 걸려 있다.

「신돌석(1878~1908)」 장군은 1896년 19세의 젊은 나이로 100여 명의 의병을 이끌고 울진에서 일본군 선박 9척을 격침하고, 이어서 영해, 영양, 삼척 전투에서 승리하여 '태백산 호랑이'이란 별명에 걸맞게 혁혁한 전공을 세웠다. 그는 고려시대 개국공신 신숭겸의 후예이나 당시는 최초의 평민 출신 의병장으로 이곳 초라한 생가와 함께 잊혀가는 역사적 영웅이다.

37-1 경주댁 / 37-2 울진 장용준 가옥

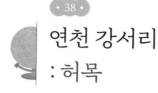

연천 강서리
: 허목

조선시대 사람으로 오늘날까지 큰 발자취를 남긴 세 사람이 있는데, 미수 허목(1595~1682), 다산 정약용(1762~1836), 추사 김정희(1786~1856)를 들 수 있다.

대부분 경상도 남인 집안에 여인들은 '치마'를 오른편으로 돌려 입고, 기호지방의 노론집 여인들은 치마를 왼편으로 돌려 입는다. 또 '가족의 호칭'에서도 경상도 남인은 할배, 할매, 아배, 어매라 부르고, 기호지방 서인은 할아부지, 할머이, 아부지, 어머이로 호칭하였다. 미수「허목」은 조선 중기 근기남인의 청남 영수로서 윤휴, 윤선도와 함께 공격의 선봉장이 되어, 노론의 당수 송시열, 김수항과 기해예송, 갑인예송, 경신대출척 등 3차에 걸친 대회전을 한 결과 남인은 단기간, 노론은 장기간 집권을 하였다. 그러나 미수는 우암 송시열이 장희빈 아들 「윤」의 세자책봉을 끝내 반대하자 숙종으로 하여금 우암에게 사약을 내리는 데 성공한다. 미수는 명의로서 비상을 주어전에 우암을 살리기도 하였고, 이처럼 죽이기도 하였다.

근기남인이 이렇게 피바람의 투쟁을 하는 동안 영남남인은 출사하지 않고 사림에 숨어서 여인의 치마 입기와 친척 호칭에 차이를 두는 소극적인 대응으로 일관한 것이다. 당시 미수의 천거로 출사한 갈암 「이현일」은 영남남인의 영수이면서 퇴계학파의 중심인물로서 외롭게 버티었다. 미수 허목은 양천허씨로 포천 현감 허교의 자이고, 어머니는 조선 제1의 시인 백호 임제의 차녀이고, 처는 왕족으로 영의정을 6번이나 한 오리 「이원익」의 손녀이다.

미수는 유학자, 정치인, 사상가이고 문장, 그림, 글씨 등에 능했고 의학, 지리, 점술 다방면에 박학하였다. 그는 23세에 거창 현감으로 가는 부친을 따라가서 한강 「정구」의 문하생이 된다. 그래서 미수의 학문형성은 조식–정구–허목–이익–정약용으로 이어지는 학맥인데, 즉 성리학을 따르면서도 현실에서 구현할 수 있는 학문을 추구, 남인의 실학이 형성되는 초석을 놓았다. 그는 역사서인《동사(東史)》, 예서인《경례류찬(經禮類纂)》, 지리지인《척주지(陟州誌)》 등을 저술하였다. 1636년 병자호란 일어나자 동생 허의의 처외가인 경남 의령군 행정리에서 모친이 돌아가실 때까지 함께 살면서 경상우도에 23년간 행적을 남겼다. 후일(1825) 이곳 유림에서 이의정(二宜亭)을 건립하여 미수를 추모하고 있다. 또 허목이 어려서 나주 회진 외가에 머물 때 그가 저곳(眉泉)에 파보라 해서 파보니 물이 나왔다. 그래서 이곳 안창동에 미천서원(眉泉書院)을 짓고, 숙종은 1689년 날마다 반성한다는 뜻의 미수기언을 간행케 했다.

미수는 부모의 사후, 출사에 대한 부친의 만류와 모친의 간절함을 생각하면서 아주 늦게 1659년 64세에 장령을 제수받아 출사하였다. 미수는 기해예송 때문에 삼척부사로 좌천된 후 2년 임무를 마치고 낙향하였다. 81세 시(숙종 1) 다시 임금의 부름을 받아 나가 대사헌과 이조판서를 거친 후 우의정으로 파격적인 승진을 하였는데 과거를 거치지 않는 귀한 3공이 되었다. 미수는 1676년 우암의 처벌 문제로 영의정 「허적」과 뜻이 맞지 않아 강서리에 낙향하여 숙종이 하사한 은거당(恩居堂)에 기거하다가 당시로써는 타고난 운명 천수를 다하고 88세 미수(米壽)에 하세하였다. 그는 유배 한번 가지 않고 공직을 마친 행운도 가졌다.

허목은 일찍이(1624) 과거를 단념하고 광주 우천에 살면서 동방제일의 전서체인 조적과두(鳥跡蝌頭), 즉 새 발자국과 올챙이 머리 모양의 독특한 **고전팔분체**를 완성하여 우리나라 서예 사상 큰 업적으로 평가되고, 후일 추사체에도 영향을 주었다. 삼척시 육향산 陟州東海碑(척주동해비)에는 뜻이 담긴 글을 짓고 미수체로 새겨 동해의 태풍을 그의 신통력으로 잠재웠다고 한다. 그래서 삼척시는 매년 3월 9일 '허목 선생 춘향대제'를 봉행하고, 연천군도 강서리 허목 묘역에서 '미수 문화제'를 매년 10월에 개최하고 있다. 그 외 하세 3일

전에 쓴 절필작 봉화 청암정의 青巖水石(청암수석), 안동시 하회와 영해읍 도곡 忠孝堂(충효당) 등 경상도 곳곳에 그의 전서체 흔적을 남겼다. 그림으로는 묵죽도(墨竹圖)가 전한다.

38-1 도곡 충효당 / 38-2 닭실 청암수석

남양주 두물머리
: 정약용

금강산에서 발원한 북한강과 삼척시 대덕산에서 발원한 남한강이 합쳐 하나가 시작되는 곳이 양수리(兩水里), 즉 두물머리이다. 1973년 팔당댐이 건설되어 바다와 같이 넓은 팔당댐 호가 형성되었다. 지금은 물안개 속에 400년 된 느티나무와 황포돛배가 어우러진 곳이 두물머리의 랜드마크이다. 두물머리의 머리 부분 남양주시 조안면 능내리 마현에서 다산 「정약용(1762~1836)」은 태어났다. 이곳 다산 유적지 입구에서 보면 왼쪽에 다산 기념관과 다산 생가가 있고, 오른쪽에 실학박물관이 있다. 특히 이승의 집과 저승의 집이 호숫가에 나란히 있는 곳은 다산 밖에 없다. 또 15세 장가갈 때까지 살았고, 해배 후 57세에 모든 관직을 버리고. 이곳에서 행정지침서

《여유당전서》를 정리하면서 75세 회혼일에 눈을 감았다. 생가 여유당(與猶堂)이란 이름은 '신중하고 경계하라'는 의미인데, 1925년 을축년 홍수에 떠내려가서 1986년 원형대로 복원한 것이다. 평면이 안채 ㄴ자형, 사랑채 ㄱ자형이 마주하여 맞곱패(ㄴㄱ)집이 되어 중농이상의 가옥구조이다. 안채 부엌에 '세살 공기창' 행랑채에 '격자 광창' 등은 중부지방 양반가옥의 전형이나, 화려하지 않으면서도 단정한 느낌을 준다.

다산은 22세에 진사가 되어 성균관에 들어가고 27세에 대과에 급제하여 관직에 진출한다. 암행어사가 되어 북부지방을 순행하니 국민이 너무 가난한 것을 보고 실학을 생각하게 되었다. 규장각에서는 정조의 총애를 받고 배다리와 거중기를 발명하여 실학자로서 실력을 유감없이 발휘한다. '한강 배다리'는 정조가 아버지 사도세자가 잠든 현륭원을 참배하고자 갓 벼슬을 시작한 다산에게 맡긴 것이다. 지금 팔당호 물과 꽃의 정원 세미원에 들어가는 다리가 배다리인데 언제든지 가서 볼 수 있다. '거중기'는 도르래 원리를 이용, 장대한 석재를 옮기고 쌓는 데 사용하여 1796년 수원성 6km를 불과 2년 9개월이란 짧은 기간에 완성하는 기적을 낳았다.

우리나라 최초로 세례를 받은 「이승훈」은 다산의 매부이고, 실학자 성호 「이익」의 종손으로 그의 학풍을 계승한 「이가환」은 이승훈의 외삼촌이다. 그들 남인 계열과 절친한 다산은 천주교의 평등사상에 빠지게 되고, 이익의 학풍을 이어받아 정치, 경제, 역사, 지리 통달하여 주자학 세계관에 대한 근본적인 반성을 하면서 조선 후기 우리나라 실학사상을 집대성하였다. 다산은 예문관 검열, 형조참의 등을 거치면서 노론 벽파의 모함으로 좌천된다. 정조가 승하하고 대왕대비 정순왕후의 천주교 탄압, 즉 신해박해로 이승훈 셋째 형 약종과 형수는 참수되고, 둘째 형 약전과 다산은 사형에서 유배로 감형된다. 다산은 경상도 장기를 거쳐 전라도 강진에 이배된다.

유배 기간(1801~1818) 동안 다산초당에서 많은 제자들을 키우고, 500여 권의 책을 저술하였다. 베트남의 국부 호치민이 함께 묻어달라고 유언한 주옥같은 《목민심서(모스크바에서 한국의 박헌영과 교유하면서 소개받음)》: 지방의 관리로서 수령이 백성들을 위해 해야 할 일, 《흠흠 심서》: 조선시대 형사사건의 처리요람, 《경세유표》: 국정에 관한 일체의 제도 · 법규의 개혁 등 대표작 1표 2서를 위시하여 낙랑군의 경계와 국경을 다룬 지리서 《아방 강역고》 등이 있다. 이것으로 유네스코가 2012년 그를 소설가 「헤르만 헤세」, 음악가 「드뷔시」, 사상가 「루소」와 함께 동양인 유일한 세계문화 인물로 지정하였는가 보다!

다산초당(茶山草堂)은 강진군 도암면 만덕리 귤동마을의 뒷산인 다산에 있는데 당호 편액은 추사의 글씨다. 귤동마을에는 정약용 선생의 실학 정신을 배우고 그의 삶을 되새길 수 있는 강진 다산박물관에 다산의 동상과 조형물이 함께 세워져 있다. 여기서 편백이 죽죽자란 '뿌리의 길'을 따라 800m가량 올라가면 다산초당과 제자가 거처한 서재, 다산이 기거하면서 저술 활동을 한 동재가 있고, 강진만을 내려다보면서 흑산도에 유배 중인 중형 「정약전(어류도감 《자산

어보》 집필)」을 그리울 때면 찾던 천일각도 있다. 나는 4년마다 지리 교육과 학생들과 답사 올 때마다 곳곳에 묻어나는 200년 전 다산의 학문적 열정에 젖었다.

39-1 다산 생가 / 39-2 거중기

예산 용궁리
: 김정희

　추사가 제주도로 귀양 가던 길에 해남 대흥사에 들러 대웅전 편액을 보고 「초의선사」에게 "조선의 글씨를 다 망쳐놓은 것이 원교인데" 하면서 원교 「이광사」가 쓴 大雄寶殿(대웅보전)을 떼고 자기가 써준 大雄寶殿과 無量壽閣(무량수각)으로 달게 했다. 훗날 제주 귀양에서 돌아오는 길에 초의선사에게 들러 내 것을 떼어내고 그것을 다시 달아주게 내가 그때는 잘못 보아서, 현재에도 원교의 大雄寶殿은 대웅전에 추사의 無量壽閣은 대웅전 아래 백설당에 걸려 있다. 이광사 (1705~1777)는 왕족이나 나주 벽서사건에 연루되어 완도군 신지도 등 유배생활에서 붓을 잡고 왕휘지 글씨에 바탕을 두고 공재 「윤두서」로 이어지는 '동국진체'를 완성한 명필가이다.

추사(완당) 「김정희(1786~1856)」는 30세 동갑의 초의선사 (1786~1866)와 평생 친구가 되는 금란지교를 맺는다. 초의선사 본 명은 장의순으로, 차(茶)와 풀 그리고 자연을 섬기며 풀 옷을 입었다 고 하여 법호를 초의(草衣)라 하였다. 그는 조선 후기 대선사로서 우 리나라 다선일미의 다도(茶道)를 정립한 분이다. 두 사람은 다산의 아들 「정학연」의 중계로 다산을 만나 차를 즐겨 마시어 한국의 **다성 (茶聖) 3인**으로 일컬어진다.

완당의 증조부 「김한신」은 영조가 편애한 화순옹주의 남편이다. 그 의 생부 「김노경」은 이조·병조판서 등을 지냈고, 흥선 대원군 「이하 응」은 아버지의 이종사촌이다. 훗날 대원군의 유명한 '석파란'을 직 접 지도한 스승으로 막강한 권세를 가진 훈척으로 태어났다. 완당 이 태어난 예산군 신암면 용궁리 향저는 증조부가 1700년 건립한 것 으로 53칸인데 충청도 53 군현에서 왕명으로 1칸씩 경비를 맡았다 고 한다. 안채는 ㅁ자형으로 충청도에서는 귀한 뜰집이고, 사랑채는 ㄱ자형으로 안채에서 떨어져 다른 집 같은 기분이 든다. 영남지방의 대가에서 사랑채 뒷문을 열고 안채를 호령하듯이 할 수는 없다. 내 당은 팔작지붕의 중접합가옥으로 대칭적인 아름다움이 있으나 상대 적으로 안채가 너무 높고 넓으며 아래채가 좁고 낮다. 안방마님, 즉 옹주님의 위상을 배려한 듯하다. 또 집 뒤 고조부 영의정 「김흥경」의 묘소에 중국에서 씨앗을 가져와 심은 희귀한 백송 1그루가 잘 자라 고 있다.

완당은 어린 나이에 북학파 일인자 「박제가」의 제자가 되어 총명함이 알려졌다. 1809년 생원시에 장원급제하고 1819년 문과에 급제 현직에 나가 암행어사, 시강원 설서, 예문관 검열 등을 거쳤다. 아버지가 동지부사로 청나라 갈 때 수행, 연경에서 6개월간 체류하면서 당시 최고 수준의 고증학 학자「완원」과「옹방강」을 만나 지도받고 서책과 탁본을 선물로 받았다. 그 후 서신 왕래를 통하여 조선 후기 실학의 한 갈래인 실사구시 학파로 금석학과 고증학에서 타의 추종을 불허하는 전문가가 되었다. 즉 무학대사 비로 알려진 북한산 비봉의 비를 '진흥왕 순수비'라 고증했다.

추사는 어릴 때부터 시·서·화에 천재적 예술성을 보였고, 특히 서도에서 20세 전후에 이미 국내외에 이름을 떨쳤다. 연경서 옹방강의 서체를 배우고, 그 연원을 거슬러 올라「조명부」「소동파」「안진경」등 여러 서체를 익혔고, 더 소급하여 한·위시대의 예서체에 서도의 근본이 있음을 간파하였다. 완당은 본인이 직접 윤상도의 옥사에 연루되어 9년간 제주도에서 유배생활을 하는 동안 한국과 중국의 옛 비문을 보고 **졸박청고한 추사체**를 완성하였다. 대표작으로 꼽히는 殘書頑石樓(잔서완석루), 禪偈非佛(선게비불), 板殿(판전) 등에서 서체가 전혀 서로 다른 '괴이함'을 본다. 그러나 추사체는 변화무쌍함과 괴이함에 그치지 않고 잘되고 못되고를 따지지 않는다는 불계공졸(不計工拙)의 경지까지 나아갔다.

제주도 유배 때 겨울철 소나무를 그렸는데, 그것이 국보 180호로 지정된〈세한도〉이고, 난초 그림〈불이선란도〉등 역시 독보적인 수준이며 산수화의 대가 소치「허련」, 추사의 초상화를 그린 희원「이

한철」등은 추사 애제자 화가이다. 그는 70 평생 벼루 10개 구멍을 내고, 붓 1,000자루를 몽당붓으로 만들었다. 그는 71세에 승복을 입고 과천 봉은사에 입사할 만큼 불교에 심취했다가 그해 10월에 과천 집에 와서 영면했다.

40-1 대흥사 무량수각 / 40-2 생가 죽노지실

외국편

세계에서 가장 넓은 나라의 모스크바공항에서

　스페인 여행을 마치고 돌아오는 길, 차디찬 모스크바공항에서 세계에서 제일 큰 이 나라의 지배자는 진정 누구인가 생각해 보았다. 왕세제의 신분을 속이면서 서구화 정책을 위하여 네덜란드의 조선공을 거치고, 후일 「표트르 1세(1672~1725)」로 즉위하여 대제국을 건설한 러시아 역사상 가장 위대한 태황제인가? 독일 공국의 딸로 시집을 와서 보니 남편 「표트르 3세」가 지적 수준이 낮고, 반미치광이, 사실 고자였다 등 온갖 유언비어가 돌았던 그를 폐위시키고, 스스로 황제가 되어 우랄 지역으로 진출하여 오스만제국을 물리치고, 19세기 초 저 넓은 시베리아를 완전히 점령하는 데 초석을 다진 「예카테리나 2세(1729~1796)」 여제인가?

네바강에서 겨울 궁전의 「니콜라이 2세」 어전회의에 대포를 쏘아 로마노프 왕조를 멸망케 하고, 마르크스의 공산주의 이론을 처음 국가건설로 실현시켜 뛰어난 혁명지도자로 평가받고 있으며 이 지구상에 동상이 가장 많은 「레닌(1870~1924)」인가? 1935~1938년간 독재에 저항하는 지식인계층, 부농 계급, 전문직 종사자 등 각계각층에서 100만여 명을 처형하여 구소련을 피의 숙청으로 붉게 물들인 독재자이고, 김일성에게 1950년 6월 25일 한반도 남침을 48회 거절 끝에 결국 허락하여 한반도를 피로 물들인 우리 민족의 웬수 「이오시프 스탈린(1878~1953)」인가?

그 누구도 아니다. 그는 이 대륙의 대문호 낭만주의 문학가이자 사실주의 소설가 「알렉산드로 푸시킨(1799~18367)」이다. 그를 '러시아 국민 문학의 아버지', '위대한 국민시인' '러시아의 셰익스피어' 등으로 부르고 있다. 평소 그는 명예가 있는 죽음이 삶보다 낫다, 사람이 추구해야 할 것은 돈이 아니라 사람 그 자체다, 어떠한 나이라도 사랑에는 약하다, 그러나 젊고 순진한 가슴에는 그것이 좋은 열매를 맺는다 등 감동의 말을 남겼다. 그 후 러시아인은 거리, 극장, 공원 등의 앞에 푸시킨의 이름을 무수히 붙이고, 심지어 '뿌쉬낀 눈보라'까지 붙여서 기억하고 있다. 또 명소마다 푸시킨은 이렇게 보았다, 하고 '그의 명언'을 적어 기념하고 있다. 아래 시는 푸시킨 나이 26세에 시베리아 이르쿠츠크로 유배 가서 그곳에서 지어졌다. 러시아인들은 "이 시(詩)를 읽으면 얼어붙은 가슴에 샘이 솟고 따사로운 훈풍이 분다"고 하였다. 우리나라에서도 사랑받는 외국 애송시의 하나가 아닐까?

- ## 푸시킨의 대표 시

"삶이 그대를 속일지라도 슬퍼하거나 노여워하지 말라/ 슬픔
의 날 참고 견디면 기쁨의 날이 오고야 말리니/ 마음은 미래에
살고 현재는 늘 슬픈 것/ 모든 것은 순간에 지나가고 지나간 것
은 다시 그리워지나니"

16세 소녀 「나탈리야 곤차로바」는 귀족 여성으로 상트페테르부르
크 사교계의 여왕이고 꽃이었다. 푸시킨은 "내게 생명을 불어넣어
주는 여인"이라고 하며 처음 만난 그녀의 백옥 피부와 청순 분위기
에 매료되었다. 그녀 나이 18세에 열렬히 구애한 끝에 결혼에 성공
하여 4명의 자녀가 태어났다. 그러나 '그녀가 바람을 피운다'라고 염
문을 퍼뜨린 프랑스 망명 장군이자 동서인(처형의 남편) 「단테스」로
부터 사랑과 명예를 지키기 위해 1837년 푸시킨은 그와 결투를 신청
하지 않을 수 없었다. 그는 이 싸움에서 총상을 입고 병상에서 치료
중 이틀 후 죽었다.

지인 중에는 곤차로바는 얼굴만 예뻤지 머리가 새하얀 여인으로
푸시킨은 그녀를 위하여 인생을 너무 쉽게 버렸다고 혹평하는 사람
도 있었다. 사실 곤차로바의 사생활은 문란하였고, 한때 그녀의 미
모에 눈독을 들였던 황제 「니콜라이 1세」와 불륜의 관계를 맺기도 하
였다고 한다. 그래서 니콜라이 1세는 푸시킨이 생전에 남긴 빚 1만
루블을 대신 갚아주었고, 미망인과 딸에게는 연금을 지불하였고, 아

들은 유년사관학교에 보내주었다.

19세기 러시아 대표작가로서 《죄와 벌》의 「도스토옙스키 (1821~1881)」와 《전쟁과 평화》의 「톨스토이(1828~1910)」는 쌍벽을 이루는 세계적인 소설가이다. 전자는 '신비주의자', '시대를 앞서가는 선구자', '실존주의 철학자' 등 많은 찬사가 뒤따랐다. 후자는 러시아 문학과 정치에도 지대한 영향을 주어 레닌이 공산혁명을 결심케 했다고 알려져 있다. 푸시킨은 38세 요절하여 보다 짧은 생애를 살면서 세계적인 대문호 도스토옙스키와 톨스토이를 따돌리고 러시아인의 큰 사랑과 존경을 왜 받았는지 또 러시아인 마음의 구심점에 어떻게 우뚝 설 수 있었는지 성찰해 볼 만하다.

42

몽골 1
: 유목민 진출

아시아 북방 유목민의 장자는 '튀르크족'이고 차자는 '몽고족'이라는 학자가 있다. 세부적으로 보면 흉노족, 선비, 돌궐(튀르크), 위구르, 거란, 몽고, 말갈 등의 종족이 있는데 이들은 유전인자에 큰 차이가 있는 것이 아니다. 대체로 좋은 기후를 만나거나 걸출한 지도자를 만나 한 지역에서 번창하면 그 종족의 이름을 붙였다. 위의 종족은 대체로 시대순이고 서쪽에서 동쪽으로 분포한다. 그러나 현재는 서부 유목민은 튀르크족, 동부 유목민은 몽고족이라 통칭한다.

서부 튀르크 제족은 중앙아시아를 중심으로 시베리아와 발칸반도 이르는 지역에 퍼져 있고, 특히 이들의 선조에 해당하는 훈족은 AD 375년 유럽으로 진격하여 게르만 민족의 대이동을 유발함으로써 서로마제국은 이들 게르만 민족의 수장 「오도케아르」에 의하여 멸망한다. 5세기 훈족의 지도자 「아틸라」는 왕에 올라 재위 기간 8년 동안 전 유럽을 전란의 구렁텅이로 몰아넣고 마을마다 학살과 약탈로 로마인에게는 잔혹한 파괴자라는 인상을 남기고, 로마 공주를 후궁으로 맞이하여 복상사로 생을 마감한다. 이 악명 높은 왕이 신라인과 동족이라는 놀라운 사실이 최근 밝혀졌다.

진시황은 BC 3세기경 훈족의 원류인 흉노와 중원지역을 놓고 혈투를 벌이고, 이들의 동진을 막기 위하여 만리장성을 처음으로 쌓았다. 이 과정에서 흉노에 속한 한 부류의 원류가 서천 하여 훈족으로 성장하였고, 또 한 부류가 한반도의 남부지역으로 동천 하여 신라를 건설하였는데 신라김씨 시조 김알지가 그 직계로 분석된다. 그 근거는 첫째 훈족 후예의 몽고반점 둘째 훈족이 예맥의 각궁(角弓) 사용 셋째 신라의 고분과 부장품인 '순금 허리띠' '왕관' 등 100% 흉노 양식이다. 무엇보다 유전적으로 한 뿌리임을 알 수 있는 '고(古) 게놈학'이라는 현대과학이 입증하고 있다.

11세기경 터키와 중앙아시아에 세운 오스만 튀르크도 동로마제국부터 비잔티움제국의 수도였던 콘스탄티노플을 1453년 함락시킴으로써 서유럽사회에 큰 충격을 주었다. 가장 동부에 있던 '말갈족'은 시베리아의 바이칼 호수에 기원을 둔 우리 민족과 함께 퉁구스계인데 그 후 '여진족'으로 다시 '만주족'으로 이름을 바꾸어 불렀다. 1616년 여진족을 통일한 「누르하치」는 하얼빈 부근 허투알라에 후금을 세우고, 이어서 2대 황제 「홍타이지」는 1644년 베이징에 몽고족

다음으로 '만주족 왕조' 청나라를 세우고 중국을 지배했다. 우리나라도 직접 침입 1627년 정묘호란, 1636년 병자호란을 일으켜 무던히도 괴롭히고, 조선인 60만 명을 끌고 갔다(정약용《비어고》에서).

몽골족의 「테무친(1162~1227)」은 만주족의 청나라보다 먼저 12세기에 몽골고원에 있는 선비계 강성부족인 몽골족, 타타르족, 메르키트족, 나이만족 등을 차례로 정복하고, 1206년 몽골연합의 맹주가 되어 마침내 오논 강 부근에서 각 부족수장의 추천을 받아 나이 45세에 대왕의 지위인 **칭기즈 칸**이 되었다. 여세를 몰아 거란족이 세운 '요'의 세력을 꺾어서 기세가 등등한 숙적 여진족의 '금'을 공격하여 멸하고, 서쪽으로 흉노족과 튀르크의 발길을 따라 러시아를 정복하고 폴란드에 이르러서 '독일 기사단'을 괴멸시켰다.

고향으로 돌아온 칭기즈 칸은 카스피해 북쪽 킵착한국, 중앙아시아 지역 차가타이한국, 몽골고원 서부 오고타이한국, 몽골 본부 등을 4명의 아들에게 분배하였다. 칭기즈 칸은 중국에서 카스피해에 이르기까지 서양의 역대 정복자 알렉산더, 나폴레옹, 히틀러가 차지한 면적을 모두 합친 것보다 더 넓은 땅을 정복했다. 그는 재차 서하를 공격하다가 병을 얻어 1227년 진중에서 66세로 파란만장한 생을 마감하였다. 3남 「오고타이(우구데이)」가 제2대 칸으로 등극하여 국토 중앙에 있는 카라코룸으로 천도하고 역참제의 실시 등 제도의 정비에 힘썼다.

우리나라도 칭기즈 칸 사망 후 AD 1231년(고종 18)에 제1차 「살

례탑」을 장수로 침략하여 공물을 무리하게 요구하고, 다루가치(達魯花赤)를 파견하였다. 당시 고려 「최우」의 무신정권은 수도를 강화도로 옮기고 장기적인 항전을 결의하였다. 몽골은 2~6차 「차라대」의 침략으로 전 국토가 초토화되자 국왕의 친조, 개경 환도, 양곡 제공 등 고려인 20만 명을 사로잡아 1259년 물러갔다. 몽골은 제5대 황제 손자 「쿠빌라이 칸」에 이르러 남송을 멸하고 세계적인 대제국 '대원(1271~1368)'을 건국하였다. 그러나 몽골의 이 불꽃은 겨우 90여 년을 지속하다가 한족에 의해 꺼지고 말았다.

42-1 지리학 교수 몽골탐방

42-2 게르

43

몽골 2
: 유목민 가축

　몽골은 국토의 4/5가 완만한 초원으로 염소, 양, 소, 말, 낙타 등 5 가축을 키우는 유목생활이 주산업이다. 가축 수는 7,500만 두(2019년)인데 그 배설물은 말려서 혹한기 겨울에 연료로 사용하고, 그들이 말하는 '영리한 염소'와 '바보 같은 양'들은 일상의 주식과 의복의 원료를 제공해 준다. 몽골인의 외모는 우리와 닮았다기보다 똑같아서 아저씨, 아주머니가 입에서 튀어나올 듯하다. 그러나 그들이 가축과 공생하는 생활방법은 우리와 전혀 다른 기이하고 생소한 삶의 지혜를 보여준다.

　가축 중 말과 낙타는 정복국가가 될 수 있는 기동력을 제공하였다. 낙타의 최고속도는 65km이나 말은 77km이다. 그러나 150kg의 짐을 싣고 하루에 40km 이상 운반하는 낙타는 '사막의 배'라 불러도 손색이 없다. 특히 쌍봉낙타의 신체구조가 코는 자유자재로 열리고 닫히며 넓은 발바닥 창은 사막 걷기에 편리하고, 등의 쌍혹은 지방을 저장하고 건기에 몸무게 40%의 수분 손실이 있어도 살아남는다. 또 나뭇잎은 물론 가시가 있는 선인장도 잘 먹는 질긴 입을 가지고 있다. 산고를 겪은 어미 낙타는 풀도 물도 먹지 않고 먼 산만 바라보는데 부드러운 노래를 부르거나 '마두금'을 타주면 낙타가 눈물을 흘리며 새끼를 알아본다. 유목민은 "전쟁의 기술은 늑대에게, 속도의 중요성은 말에게, 끈기와 인내 그리고 사랑과 감동의 정신은 낙타로부터 배운다"고 한다.

잠깐 동안 집을 짓고 이동하기 쉬운 전통가옥 '게르(Ger)'가 '말'과 함께 세계정복에 기여한 아이콘이다. 이것은 양털로 짠 펠트를 흰 천으로 둘러싼 일종의 텐트인데 내부는 중앙에 난로, 가장자리에 부처상과 함께 가족 제단이 있다. 푸른 초원 위의 이러한 게르에 묵으면서 쏟아질 것 같은 별들의 향연을 체험하고, 광야의 시원한 바람을 가르며 말을 타는 승마체험 등은 영혼을 힐링하는 산업으로 최근 부상하여 많은 관광객이 몰려오고 있다.

몽골(Mongol)이란 원래 '용감한'이라는 뜻인데 중국인이 비하하기 위하여 우매하고 답답하다는 뜻인 '蒙古(몽고)'라는 이름으로 불렸다. 또 중국은 몽골의 라마교를 전폭 지원하여 장남은 라마교의 승려가 되어 결혼을 못 하게 했다. 몽골의 국력을 약화하려는 식민정책이다. 이렇게 해서 인구밀도 2인으로 세계에서 가장 인구가 가난한 나라가 되었다.

수도 우르가(울란바토르)는 '붉은 영웅'이란 의미이고, 도심에는 고층 아파트 교외에는 게르가 밀집하여 빈민가를 형성하고 있다. 중앙의 '칭기즈 칸(수흐바타르) 광장'에는 정부청사, 국회의사당, 문화궁전 등이 있다. 광장 정면에 칭기즈 칸 동상이 있는데 2대 오고타이 칸 동상과 5대 쿠빌라이 칸 동상이 좌우를 지키고 있다. 또 1921년 이 광장에서 몽고 독립을 선언한 영웅 수흐바타르 기마상도 있다. 인근에는 2개의 공룡화석을 가지고 있는 자연사박물관과 몽골 역사박물관이 귀중한 관광보고이다. 교외에는 1930년대 종교적 억압에서 살아남은 몽골 최대 라마교 '간단 사원'에는 20m가 넘는 황금 불상이 있고, 이곳 초르덴은 승려 150명이 거주하는 승려교육의 요람이다. 비록 타국이기는 하나 인접하고 있어서 러시아 이르쿠츠크와 바이칼 호수를 묶어서 함께 투어하고 있다.

'야만적인 황야'와 '숲의 황무지'로 알려진 시베리아는 밍크, 족제비, 흑담비, 여우, 수달 등의 모피 생산의 보고이다. 그 중심지 이르쿠츠크는 16세기부터 용맹한 코사크 민병대(우크라이나족 계)가 모피를 얻기 위하여 진출함으로써 러시아가 세계최대의 국토가 되는데 일익을 담당하였다. 제정러시아 초기 이르쿠츠크는 정치인의 유배지였으나 동시에 문화의 보물 창고, 시베리아 수도로 변화되었다. 이들 문화는 19세기 레닌의 붉은 혁명의 성공으로 로마노프 왕조의 귀족들이 이곳 유배지로 5,000km를 걸어서 가져온 피눈물의 문화가 아닌가! 앙가라강 변의 대표적 관광지로 벽화가 아름다운 즈나멘스키 여성 수도원을 포함하여 많은 서구식 건물들이 고스란히 남아 있어 '시베리아의 파리'로 일컬어진다.

시베리아의 푸른 눈으로 불리는 바이칼 호수는 전 세계의 민물의 1/5을 담고 있으며 북미의 5대 호 물을 합친 양보다 많다. 남한 면적의 1/3 크기(31,722km²)를 가진 세계에서 가장 깊고(1,637m), 거울같이 맑은 물은 자작나무 숲에 둘러싸인 시베리아 진주이다. 햇빛이 잘 드는 땅이라는 뜻을 가진 올혼섬(730km²)은 바이칼 호수 26개 섬 중 가장 큰 섬으로 우리 민족을 태생시킨 섬이라는 전설을 가지기도 한다.

43 수흐바타르 광장

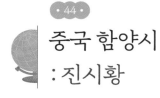

44

중국 함양시
: 진시황

　고대 로마제국(BC 754~AD 476)과 중국의 고대왕조인 전국시대와 진·한(BC 770~AD 220) 왕조를 비교하면 흥망성쇠가 거의 비슷하다. AD 220년경 중국 한(漢) 왕조의 최대 지배지는 본토를 비롯하여 신장·위구르지방, 베트남을 포함하면 로마제국과 비슷하다. 전국시대 전국 7웅(위, 진, 한, 초, 조, 연, 제) 중 진(秦)나라 36대 군주 「영정」은 BC 247년 13살의 어린 나이로 즉위한다. 후일 생부설이 나도는 외척인 승상 여불위의 보필을 받아 강력한 통치력을 발휘한다. 전국 6국을 차례로 각개 격파하고 마침내 39세 시(BC 221) 천하를 통일하는 대업을 이룬다. 그는 황금시대의 3황 5제에서 황·제라는 두 글자를 따서 '시황제'라 자칭하였다.

시황제는 먼저 도읍지 섬서성 함양(셴양)을 흉노로부터 보호하기 위하여 만리장성을 쌓았다. 시가지를 흐르는 위하(渭水) 남쪽에 아방궁을 짓고, 강북의 셴양 궁전과는 누각다리를 만들어 연결하였다. 또 부인과 종들을 함께 순장할 수 있도록 여산릉이라는 진시황릉을 높이 76m, 둘레 6.3km의 산만큼 크게 38년간에 걸쳐서 축조하였다. 1974년 왕릉에서 동쪽 1km 떨어져 거대한 지하통로와 4개 방이 발견되었는데 8,000여 명의 병사와 말들 및 20여 개의 나무전차가 발굴되었다. 이들은 거대왕국에 어울리는 놀라운 조각과 소성기술의 장거이고, 세계 8대 경이의 하나로 일컬어질 정도의 장관으로 이곳을 '진시황의 병마용박물관'이라 이름하였다.

　시황제는 내적으로 문자, 화폐, 도량형을 통일하고, 도로를 전국으로 확대하여 한족이 하나가 되는 초석을 다졌다. 그러나 당시의 사상가와 지식인은 사사건건 통치를 방해하자 유가의 책을 불태우고 학자들을 생체로 매장하는 '분서갱유'라는 초유의 공포정치를 하였다. 그러나 통일을 이룬지 불과 11년만인 BC 210년 시황제는 지방 순시 도중 사망한다. 시황제는 잔인한 성격의 소유자로 토사구팽(兎死拘烹)하는 능란한 처세술, 불사불로(不死不老)의 꿈으로 불로초를 찾아 헤매는 위대한 폭군이나 '죽간' 120근을 결재해야 잠들고, 더 넓은 국토를 10년간 순회를 5회 하는 열정을 보여주었다.

　이후 예수보다 약 200살이나 더 먹었다고는 상상이 안 되는 초(楚)나라 「항우」와 역시 초나라 반란군의 장수 「유방」은 천하를 두고 쟁패의 각축을 벌인다. 연전연승하던 귀족 출신 항우를 막판에 역전승한 건달 출신 유방은 진나라를 평정하고 한(漢)나라 고조(BC 247~195)가 된다. 그래서 천하를 통일한 진나라는 불과 1대 15년(BC 221~206)만에 대단원의 막을 내렸다. 이 싸움 초한지(楚漢志)를 각색하여 정비석, 김홍신, 이문열은 소설을 발표하고, KBS 2TV에서는 기획드라마를 내놓았다. 또 이것을 오락으로 변환시켜 놓은 것이 오늘날 장기(將棋)이다.

한 고조 유방은 항우에 의하여 매몰차게 파괴된 함양을 버리고, 그 동남 25km 위치에 있는 시안을 신축 장안이라 부르고 수도로 정하였다. 이 도읍지는 주 · 진 · 한 · 수 · 당 등 12왕조 1,300년 동안 수도가 되었다. 이후 유방은 중국 역사상 최초의 평민 출신 황제로서 중국을 문화로써 통일했다. 이것은 한(漢)이 곧 중국(中國)이라는 정체성의 왕조를 창시한 것이 큰 업적이다. 제7대 황제「유철」무제는 동으로 고조선을 침략하여 BC 108년 낙랑을 포함 한 4군을 설치하여 우리에게 처음 식민의 멍에를 씌워주었다. 우리나라 강릉유씨 시조 유전은 유방의 40세손으로 송나라의 병부상서를 지내고 1082년 고려에 동도하여 영일군 기계면에 정착하였다. 그래서 국회의원 유옥우, 유승민, 국민배우 유동근이 그 후손들이라는 설이다.

장안과 함양은 바로 '관중의 중심' 지역이다. 관중평야는 북은 위하 남은 진령에 둘러싸여 있는 동서 360km 남북 140km 분지로서 동쪽 협곡 '함곡관'이 중원과 관중을 떼어놓았다. 관중은 황투고원의 중앙으로 황토층의 두께는 평균 50~80m이고, 우리나라 봄날에 황사가 날아오는 근원지이다. 이 지방가옥은 '요동(窯洞)'이란 동굴집으로 겨울에는 따뜻하고 여름에는 시원하다. 이곳 황토 평지에 1변이 20~30m의 사각형 땅을 5m 이상 깊이로 파서 공동의 지하 뜰(정원)을 만들고 3벽면에 4~6가구가 동굴을 파서 아치형 창문을 달고, 각각 거실, 주방, 방(2~4)을 파서 연결하면 황사를 피하는 좋은 가옥이 된다. 황토층은 우수한 관계시설로 생산이 풍부하여 감히 중원을 다 먹여 살릴 수 있다는 넓은 땅이다. 그 중심 장안은 적이 쉽게 공략할 수 없는 지리적 입지로서 '세계의 수도'라 생각하고 있었다.

44 병마용박물관

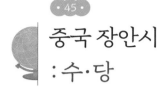

45

중국 장안시
: 수·당

양귀비는 측천무후의 손부이고, 또 고손부이기도 하다. 역으로 측천무후는 양귀비의 시조모이고, 시고조모이기도 하다. 측천무후는 당나라 2대 태종의 후궁인데 태종의 9남인 3대 고종은 아버지 사후 서모인 「무조(측천무후 이름)」를 자기의 후궁으로 삼았다. 한편 측천무후의 친손자 6대 현종은 그의 18번째 왕자 수왕의 비 「양옥환(양귀비 이름)」, 즉 며느리를 자기의 후궁으로 삼는 등의 결과이다. 그야말로 동양 윤리에서 볼 때 콩가루 집안이라 아니할 수 없다.

수·당은 단일왕조와 동일하다. 수나라는 2대 37년의 짧은 왕조이고, 당나라는 20대 289년으로 긴 왕조의 하나이다. 수나라 2대 양제는 남북 대운하를 무리하게 추진하고 100만 대군을 동원 부질없이 고구려를 공격, 살수에서 을지문덕 장군에 대패하자 자기의 친위대장에 의하여 살해된다. 그래서 양제의 이종사촌 형이고 장수인 「이연」에게 왕위가 이어져서 그가 당 고조가 된다. 당나라 2대 태종 「이세민(AD 598~649)」은 조선 태종 이방원과 비슷하게 태자인 형과 동생을 죽이고 왕이 되었다. 그러나 그는 뛰어난 장군이자 정략가이었으나 안시성의 전투에서 양만춘이 쏜 화살에 눈을 맞고 사망하였다.

측천무후는 중국을 통치한 200여 명의 황제 중 유일한 여자이다. 그는 '공포정치를 했다는 비난과 민생을 살펴 나라를 잘 다스렸다는 칭송을 함께 받고' 있다. 특히 대신들의 반대에도 비한인(거란 출신) 「설인귀」를 졸병에서 장군에 임명하여 신라와 함께 평양성을 공격하여 고구려를 멸망시켰다. 그 후 설인귀를 안동도호부의 도호로 임명함으로써 신라는 3국이 아닌 2국의 통일에 그쳤다. 그녀는 일찍이 황제가 탐이 나서 친딸, 태자, 차남, 삼남을 죽이거나 내몰고, 마지막으로 마음이 여린 4남 이단을 즉위시켜 5대 예종이 된다. 드디어 예종은 AD 690년 왕위를 어머니에게 헌납함으로써 무조는 끝내 황제에 오른다. 그녀는 60세에 황위에 오르자 '재위 15년 동안 젊은 남총을 뽑아 밤마다 번갈아 동침을 하여 엄청난 정욕을 불살랐던 희대의 요부이고, 자기의 친자식을 죽인 패륜녀라는 오명'을 남기기도 했다. 죽음을 앞두고 무조는 왕위를 아들에게 돌려주지 않고 자신의 친정 조카인 「무승사」에게 주려는 계획을 재상 「장간지」가 좌절시키기도 했다.

장안에서 이름을 되찾은 시안(西安)은 아테네, 로마, 카이로와 함께 세계 4대 고도의 하나이고, 당시 인구가 100만으로 세계 3대 문명국 하나의 수도이었다. 전한시대 실크로드를 개척하였는데 그 출발지는 시안이고 경유지 우즈베크의 사마르칸트 도착지는 로마였다. 성곽은 성벽을 따라 4대문이 있고, 넓고 깊은 해자가 있으며 긴 장방형으로 둘레 13.7km, 면적 12km² 성벽 높이 12m이다. 성벽 위는 폭 15m 로 넓고 두터우며 한 바퀴 도는 데 자전거와 전동차로 1시간 걸린다. 도심에 있는 종루는 새벽과 저녁에 종을 쳐서 시간을 알려주고, 그 서 편에 있는 고루(鼓樓)는 밤에 북을 쳐서 성문이 닫히는 시간을 알려준 다. 이 두 누각은 시안의 상징이고, 그 중간에 위치한 시안의 명동 덕 발장은 '교자만 1인분'에 서로 다른 16가지 만두가 나온다. 고루 부근 회민 거리에 가서 양꼬치와 해물꼬치, 훠궈 등 회족 음식을 맛보는 것 도 일품이다. 또 안 먹고는 못 배기는 **천하제일 면**은 굵은 면을 두 종 류의 소스에 적셔 먹는데 대자은사 거리를 찾아가야 된다. 여기에 시 안의 대표 면 요리인 뱡뱡면, 탕수육 같은 탕슈리지, 새우 볶은 밥인 싸런 차오판 등을 곁들이면 천하제일의 만찬이 된다.

시안에서 서울의 인사동 같은 고 문화거리인 서원문을 지나면 왕 희지체, 구양순체, 안진경체뿐만 아니라 주로 수·당·송 대의 명필 로 된 석각비문 1,095여 개와 법첩을 한데 모아둔 중국 최대 석조 박물관 비림(碑林)이 있다. 남동편에는 당 고종이 황태자 시절 발원 하여 모후 문덕황후를 위해 지은 대자은사가 있다. 절 내에는 대안 탑을 세워 현장(玄裝)이 천축에서 가져온 불경을 보관하였는데 7층

64m로서 시안 어디에서나 보인다.

　시안시 동쪽 35km 거리의 여산 기슭에 43℃의 천연 온천수가 하루에 120톤씩 솟아나는 화청지는 역사상 제왕들이 찾은 왕실의 원림(苑林)이다. 이곳에 당 현종이 양귀비를 위하여 궁궐을 짓고 성벽을 둘러 별궁 '화청궁'이 되었으며 이 두 사람의 로맨스가 무르익은 명당으로 유명하다. 북쪽 멀지 않는 곳에 중국 5악의 하나인 화산(2,160m)이 보이는 듯하다.

45 비림

중국 운남성
: 쿤밍·리장

히말라야산맥의 동부(고도 6,000m)가 신생대 이래 약 7,000만 년 동안 무너져 내린 광대한 대경사지에 '구름 남쪽에 있다는 뜻'의 윈난성(雲南省)이 위치하고 있다. 성도 쿤밍은 해발 1,900m의 고원이고 북회귀선이 지나는 아열대성기후대이다. 그래서 쿤밍은 연평균 18℃의 '봄의 도시'로서 1년 내내 정열의 꽃 부겐베리아가 화려하다. 이 대경사지에는 깊은 계곡이 형성되어 이곳에서 이름 노강(怒江)은 미얀마를 거쳐 인도양으로 가는 살윈강이다. 난창강(瀾滄江)은 라오스, 캄보디아를 거쳐 남중국해로 가는 메콩강이고, 이곳 진샤강(金沙江)은 중류에서는 장강이고, 하류에서 동중국해로 들어갈 때는 양쯔강으로 6,300km가 되어 세계 3위의 긴 강이다. 또 이곳은 중국

53개 소수민족 중 26개 소수민족이 살고 있다.

리장(麗江)은 소수민족 나시족의 터전이고 왕도이다. 리장 고성(古城)은 800년 역사를 자랑하며 옛 모습을 잘 간직하고 있다. 나시족 촌락은 목조가옥이고 수로가 잘 연결되어 동양의 베니스로 불린다. 그들의 동파(東巴)문자는 지금도 사용하는 상형문자로 소원을 적어서 매달아 둔 풍경을 볼 수 있다. 리장(고도 2,400m)에서 가까운 호도협(虎跳峽)에 가면 장엄한 옥룡설산(5,596m)의 트레킹이 시작되는 곳으로 한국 등산인도 많다. 특히 리장은 차마고도(茶馬古道)의 출발지와 종착지로서 중국의 '보이차'와 '티베트 말'과 물물교환하기 위하여 말과 나귀를 몰고, 해발고도 평균 4,000m에서 높고 낮은 계곡을 곡예를 하듯 넘고 다니는 길이다. 이 차마고도는 실크로드 보다 앞선 인류 최고(最古)의 교역로이다.

쿤밍시 인구는 640만이나 유동인구가 1,000만 명이 넘는 중국의 10대 도시의 하나이다. 시내에는 당대(唐代)의 화려한 불교 사찰 원통사, 연꽃과 버드나무가 어우러진 취호 공원, 독립운동가 철기 이범석 장군과 한국 최초의 여성 비행사인 권기옥 여사의 출신학교 육군 강무당 등이 볼거리이다. 교외 '운남 민족촌'은 이곳 소수민족을 10여 개 마을로 분류하여 고유한 생활문화를 재현하고 그들의 전통의상을 입고 관람객을 맞이한다. 서쪽교외에 있는 잠자는 미인산(美人山)으로 일컬어지는 서산은 삼림 공원인데 정문인 서산용문(西山龍門)은 화려하고, 300m 깎아지른 절벽에 용문석굴, 달천각(達天閣), 천대(天臺), 벽파월영(碧波影月), 선인동(仙人洞), 별유동천(別

有洞天) 등 명소가 곳곳에 숨어있다. 바로 아래는 고원의 진주 쿤밍호와 멋스러운 별장들이 줄지어 있다.

쿤밍시 동남 90km 거리에 있는 석림(石林)과 구황동굴은 2.7억 년 전 고생대 말에 형성된 카르스트 지형이다. 이 석림 풍경구는 '이족' 자치현에 있는 총 350km² 면적에 대석림, 소석림, 내고석림 등 3류 형의 석림이 있고 사람들이 많이 찾는 곳은 대·소(大小)석림이다. 이 '석림'은 해저에 있던 석회암이 뭍으로 드러나서 오랜 풍화와 침식작용으로 형성된 약 1,100개의 석봉, 석조, 석순 등이 마치 돌 숲과 같다 하여 붙여진 이름이다. 대체로 청회색의 날카로운 돌기둥(5~30m)이 어우러진 천하제일의 기이한 경관으로 세계에서 가장 전형적인 카르스트 지형이고, 일명 노출된 카르스트 천연박물관이다. 이 넓은 석림에서 길을 잃어본 사람만이 석림의 태곳적 모양과 색깔을 느낄 수 있다고 한다. 구황동굴은 15km²에 66개 종유동굴이 있는데 입구에서 엘리베이터를 타고 지하로 내려가면 협곡과 호수가 나온다. 이곳에서 10인승 배로 갈아타고 래프팅을 한 후 양쪽 높이 80m 절벽 물길을 따라가면 드디어 '선녀 궁'이 나온다. 천태만상의 석순과 계곡 폭포, 기암괴석으로 된 중국 최대의 종유동굴이다.

쿤밍에서 서북 232km 먼 거리에 있는 소수민족 이족의 땅 웬모현은 쿤밍보다 고도가 낮은 분지(1050~1200m)로서 더운 지역이다. 약 150만 년 전부터 이곳에 형성된 웬모, 랑파푸, 반궈 등에 '토림(土林)'이 있다. 주로 지각변동과 우수의 침식작용에 의한 토질지모(土質地貌) 종류의 하나이다. 총 50km²의 토림 풍경구 내에는 천태

만상의 흙기둥, 즉 토주(土柱)가 숲을 이룬다. 이 토주는 다양한 광물질이 함유되어 핑크색, 갈색, 회백색, 담녹색을 띠어서 감탄을 쏟아내고 보는 각도에 따라서 색깔이 변하여 황홀하여 혼을 빼놓는다. 이러한 토림은 석림 못지않게 학술적 가치가 있는 자연지역이고, 경관마저 살벌한 석림보다 아름다운 '신들의 정원', 즉 중국의 자이언 캐니언이다. 그래서 중국의 영화촬영은 물론 한국영화 장동건 주연의 〈무극〉의 배경이 된듯하다!

46-1 석림 / 46-2 토림

일본 긴키지방
: 나라 · 교토

「아키히도」일본 천황은 68회 생일기념회에서 헤이안시대 제50대 간무 천황의 생모가 백제 무령왕 후손이라고 역사서《속 일본(續 日 本)》에 적혀 있어 한국과의 인연을 느낀다고 했다. "일 왕가에 백제 왕실의 피가 섞였다"는 일왕의 발언은 깃털에 불과하고, 왕가 자체 가 한반도의 도래인의 후예라고 한 발언에 이목이 쏠리고 있다. 일 본은 한반도인이 세운 나라라는 뜻이 아닌가? 일본의 「고바야시 야 스코」교수는 그녀의 저서《두 얼굴의 대왕》에서 백제의 제26대 성 왕은 AD 540년 고구려의 우산성을 공격하다 패전, 바로 왜국으로 망명하여 그가 아스카시대 제29대 긴메이 천황이 되었다고 한다. 그 외 다수 일본 학자가 日鮮同祖論(일본과 조선의 동일 조상론)을 소개하고 주장한다. 본 책에서 전술한 고령군 지산리가 고고학적으로 일본 천황의 본향임이 입증된 바 있다. 그래서 당시 일본 왕실은 가야인이고, 대다수의 지배층은 백제의 유민으로 저자는 생각해 본다.

일본의 시대 구분은 천황의 단일왕조로서 부침이 없었기 때문에 도읍지를 기준으로 아스카시대(AD 538~710) : 일본 열도에 제후국의 아침이 밝아온다는 의미가 있다. 나라시대(AD 710~794) : 새 왕권의 상징으로 거대한 사찰이 조영되는 시기이다. 헤이안시대(AD 794~1185) : 일본 고유의 '국풍문화'가 발달하고 호족들은 무사, 사무라이를 고용한 시기 등으로 시대 구분하고 있다. 이들 도읍지는 모두 긴키지방으로 서로 근거리에 있다.

첫째 아스카(飛鳥)시대는 일본 전 국토를 처음 지배한 것으로 알려진 야마도(大和) 대왕으로 일컬어지는 제29대 긴메이(欽明) 천황에서 제42대 몬무(文武) 천황까지 13대 172년간이다. 도읍은 나라현 다카이치군 아스카촌이다. 이곳에 도시와 궁전이 세워지고 국호를 왜국에서 일본으로 변경하였으며 한반도에서 불교가 전래되기 시작하였다. 아스카지(飛鳥寺)는 일본 최초의 사찰로서 AD 588년 백제의 장인을 초청하여 20년간 걸쳐 완성하였다. 호류지(法隆寺)는 중국 고유의 건축양식에 따라 「쇼토쿠 태자」가 AD 601~607년에 창건한 일본 최고 오래된 목조건물이다. 금당 내부의 벽화는 고구려에서 건너온 담징이 그린 것이다. 이 문화의 핵심은 백제 성왕이 보내준 장인, 불상, 경론 등으로 이룩한 불교문화이다.

둘째 나라(奈良)시대 도읍지는 헤이조쿄(平城京) 나라이다. 제43

대 겐메이(元明) 천황에서 제50대 간무(桓武) 천황까지 7대 84년 동안이다. 이 시기에 당나라와 백제에서 많은 문물을 받아들인 것이다. 중앙집권적인 국가체제, 율령 정치, 불교문화 등으로 문화적인 번성기를 구가하였다. 일본에서는 "나라를 보고 난 후에 죽어라"고 할 만큼 나라는 아름다운 관광지이다. 무엇보다 '나라 사슴 공원'을 두고 한 말로 보인다. 1880년 동서 4km 남북 2km 공원으로 조성, 평균 1,200마리가 사람들과 정답게 데이트하는 것이 이색적이나 사실은 센베이 과자를 달라는 사슴의 애절한 구걸이다. '도다이지(東大寺)'는 745년 쇼무왕(聖武王)의 발원으로 세계 최고 높은 2층 목조건물(47.5m)로 본존은 비로자나 대불(22m)을 모신 일본 화엄종의 대본산으로 사슴과 어우러져 천상의 공원처럼 느껴진다.

셋째 헤이안시대 도읍지는 헤이안쿄(平安京) 교토이다. 귀족들 대신 무사가 정치를 한 가마쿠라 막부, 무로마치 막부, 에도 막부를 지나서 1869년 도쿄로 천도할 때까지 1,000년 넘게 수도였다. 그래서 지금도 일본의 정신적 수도가 되고 있다. 교토에는 신라계의 도래인이 세운 고찰 코류지(廣隆寺)에 있는 **목조 미륵반가사유상**은 일본의 국보 1호인데 그 재료가 한반도 적송으로 신라에서 제작한 후 일본에 전달된 것으로 알려져 있다. 긴카쿠지(金閣寺)와 정원은 후지산에 버금갈 정도로 일본을 상징한다고 착각하는 사람이 있으나 사실은 1397년 무로마치 막부의 2대 쇼군인 「요시미쓰」가 은퇴 후 별장으로 건립한 정자에 불과하다.

오사카는 1593년 「도요토미 히데요시」가 오사카성을 축조하고, 1615년 「도쿠가와 이에야스」가 성을 함락하여 완전히 파괴한다. 그러나 오사카는 1868년 메이지 유신 시작과 함께 외국 교역에 개방되어 급성장하였고, 지금은 우리 동포(7만)가 가장 많이 살고 있는 곳이기도 하다. 오사카성은 에도시대 재건되어 막부의 서일본 지배의 거점이었다. 오사카성의 천수각은 2중의 해자에 쌓여 있는 난공불락의 철옹성이다. 지금은 박물관으로 사용되고 있으나 나라현의 동대사와 함께 이 나라 최고 문화재 건축물로 빈곤한 일본문화를 이끌어가는 안쓰러운 모습이 측은하기까지 하다.

47-1 동대사 / 47-2 오사카성

일본 도야마현·기후현
: 합장가옥

한랭한 대륙기단이 한반도의 개마고원을 넘으면 푄현상으로 더워져서 쓰시마 난류로 데워진 동해의 수분을 더 함유하여 우리나라의 울릉도를 포함하여 동해 쪽 일본에 눈 폭탄을 내린다. 이곳이 일본의 주부(中部)지방 북부인데 나가노현, 도야마현, 기후현이 여기에 포함된다. 이곳은 3대 일본 알프스가 있는 고산지형으로 홋카이도보다 많은 연평균 2m 이상 눈이 오기 때문에 독특한 가옥의 문화가 발달하고 있다. 갓쇼즈쿠리, 즉 기도할 때 두 손을 모으는 모습의 **합장(合掌)가옥**이다.

합장가옥은 에도시대부터 양잠을 위해 지붕 안에 선반을 설치한 것이 시초이고, 외형이 삼각형의 박공지붕으로 지붕 안의 공간 이용이 편리하다. 이 가옥의 지붕은 45~60°로 크게 경사져서 2~3m의 눈 무게를 능히 견딜 수 있고, 재료는 억새로서 두께는 약 70cm이고 30~40년마다 마을 사람들이 상호 품앗이로 교체한다. 보통 3층의 합장가옥이 많은데 1층 거실은 일본 고정식 화덕 '이로리'가 있는 생활공간이다. 2층은 침실이 있는 주거공간이고, 3층은 창고가 있거나 누에 기르는 선반이 설치된다. 이로리는 일본의 전통 난방기구로써 음식 조리, 조명, 건조기 역할도 한다. 연기는 2층 천장까지 올라가 검은 타르층을 형성하여 방습, 방충효과도 있다.

갓쇼즈쿠리마을은 도야마현 고카야마(五箇山)와 기후현 시라카와고(白川鄉)가 있다. 이곳은 당시 오지 중의 오지이고 가난하기 짝이 없는 천민 거주지였다. 에도시대(AD 1604~1867)까지는 양잠, 화약제조, 종이 제작에 종사했으나 지금은 찻집, 음식점, 민박을 겸하고 있다. 이곳을 마을주민이 단결하여 현재 일본의 유명한 관광촌으로 만들어 자부심을 가진다. 이들은 집을 외지인에게 팔지 않고, 빌려주지 않고, 부수지 않는다는 3원칙을 지킨 결과이다. 또 주거생활도 일반촌락의 민가와는 많이 다르기 때문에 이국적으로 보인다. 그래서 1995년 두 곳 마을 전체가 세계문화유산이 되었다.

첫째 도야마현의 고카야마에는 아이노쿠라(相倉)와 스가누마(菅沼) 2개의 합장촌이 있다. 이곳은 약 100~400년 전에 건축된 고가옥 100채가 해발 400~600m 산속에 산재한다. 아이노쿠라는 3,000m 북 알프스를 배경으로 해서 첩첩산중에 숨어 있는 마을로서 쇼가와 상류의 하안단구 위에 24동의 합장가옥이 있다. 이 마을은 청나래고사리, 죽순, 버섯 등 신선한 산채가 특산품이다. '이와세 고옥'은 가장 높은 5층으로 에도시대는 화약을 제조하였고, 현재는 민속관으로 개조하여 생활도구 300점을 전시하고 있다.

스가누마는 자연과 함께 어우러져 일본의 옛 풍경을 만끽할 수 있고, 아련한 향수를 자아내는 합장가옥 10동이 있는 마을이다. 특히 고카야마를 대표하는 전통공연 마쓰리 축제는 영국 여왕 엘리자베스 2세의 방일시 만찬장의 배경음악이 된 '고키리코' 민요와 함께 '사사라'라는 타악기를 들고 애수 어린 선율에 맞춰 춘 전통춤이 유명하다. 옛날에는 마을을 돌며 액을 쫓고 풍년을 기원하는 연례축제였으나 지금은 민박인을 위하여 상시 보여준다. 그러나 해설사는 고키리코가 고유한 일본 것이 아니고 한반도에서 건너온 것이 아니겠느냐? 반문하며 여운을 남긴다.

둘째 기후현의 시라카와고는 하천 상류에 위치하여 길이 107m의 만남의 출렁다리를 건너야만 마을에 들어갈 수 있는 오지이다. 현재는 고가옥 114채 중 60채가 합장가옥이고, 대략 200~300년 전에 건축되었다. 이곳 '와다 가옥'은 300년의 가장 오래된 3층 고가로서 마을에도 없는 입장료를 이 가옥에는 300엔을 내고 들어간다. '나가세 가옥'은 기둥이 11m의 높은 건물이고, 에도시대 의사의 집으로 당시의 의료기구를 진열하여 두었는데 2001년 80년 만에 지붕 개량을 TV에서 생방송 하여 주목을 받았다. 마을의 신사 하치만구에 들어서면 신사의 일본식 문 '목조 도라이'와 오래된 절 묘젠지도 있다. 마을 뒤로 가서 오기마치 성터의 전망대에 오르면 아늑한 합장촌을 한눈에 내려다볼 수 있는 즐거움이 있다.

　평소 합장취락은 아름다운 전원풍경에서 아담하고 소박한 시골마을의 정취를 느끼며 특히 겨울 눈 속의 시라카와고마을의 모습은 동화 속의 선경이 된다. 천둥과 번개를 동반한 함박눈이 쏟아질 때 전통화로 이로리 앞에 앉아 피어오르는 연기를 바라보면서 '메밀 차'를 끓이고, 그 맛과 향기에 젖을 때 어느 영화에나 나옴직한 한 장면으로 분명 다시 찾고 싶은 시라카와고 합장가옥의 참모습일 것이다.

48 합장가옥

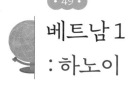

베트남 1
: 하노이

　베트남은 10세기까지 3차례나 중국에 복속되었고, 13세기는 3차례나 몽골의 침략을 받았으나 모두 물리친 저력이 있는 나라이다. 그러나 1883년 후에의 응우옌 왕조는 프랑스의 식민지가 되었다. 1930년 「호찌민」은 베트남 공산당을 결성하고, 1940년 응우옌 왕조를 무너뜨린다. 제2차 대전 후 프랑스는 사이공에 응우옌 왕조의 바오다이 황제를 재등장시키고, 호찌민이 이끄는 북베트남과 '디엔비엔푸'에서 최대의 식민전쟁이 벌어졌다. 제네바 종전협상 결과 북위 17° 선을 기준으로 남·북베트남이 대치하게 된다. 전자는 미국이, 후자는 중국과 소련이 지원하여 전쟁이 일어났으나 남베트남의 수도 사이공이 함락된다. 물론 한국군은 철군 이후이다.

호찌민(1890~1969)은 베트남의 공산주의 혁명가이자 독립운동가로서 영어, 중국어, 프랑스어, 태국어, 러시아어에 통달했다. 그래서 '건국의 아버지'로 '민족의 영웅'으로 추앙받는다. 그는 1912년 프랑스 선박에 요리사로 취직하여 미국에 건너가서는 빵 굽는 일로 생활하였고, 그 후 프랑스에 가서 1919년 프랑스 사회당에 입당, 독립운동을 하였다. 1920년경 대한민국 임시정부 외무총장「김규식」은 호찌민과 기고문 중국어 번역관계로 교류했다. 그는 모스크바 생활에서 끝내 레닌을 대면 못 하였는데 레닌의 묘를 모방 바던 광장 정면의 대리석 건물에 시신을 방부 처리하여 안치되었다.

하노이는 11세기 '리 왕조'의 왕도(1009~1225)가 되었고, 응우옌 왕조가 1883년 수도를 후에로 옮길 때까지 800년 동안 번영하였다. 당시의 궁궐은 탕롱 황성이었다. 이 유적지는 2004년부터 작업하여 6~19세기까지의 많은 공예품을 발굴하였다. 1887년 하노이는 프랑스령 인도차이나 수도가 되어 천년고도로서 인구 약 750만의 대도시로 성장했다. 하노이는 河內(하내)라는 어미로 '강이 많다'는 뜻인데 실제로 홍강의 배후습지로 호소가 많다. 첫째 떠이 호수(西湖)는 홍강의 일부로서 둘레가 17km인 아름다운 큰 호수이다. 이곳 북쪽 교외에는 외국인이 거주하는 고급주택과 호텔이 있고, 호수 내 쩐꾸옥 사원(鎭國寺)에는 6세기경에 세운 호국의 불탑이 있다. 둘째 도심 속 호안끼엠 호수는 둘레가 1,750m로 주변은 주민의 만남의 장소이고, 하노이 최대 중심가(CBD)이며 호수 내에는 응옥썬 사당이 있다. 이 호수 북안은 번화가를 상징하는 오성급 호텔과 고급상가가 즐비한 36거리, 즉 하노이의 '명동'이다. 이곳 탕롱 극장에서는 역사와 전통을 자랑하는 수상인형극을 관람할 수 있다. 그래서 이 지역은 하노이 관광에는 빠질 수 없는 명소이다. 서안에는 1872년 「샤를 가르니에」가 설계한 성 요셉 성당이 있는데 파리의 노트르담 사원을 닮은 복고풍의 신 고딕양식이다. 역시 가르니에 작품인 하노이 오페라하우스는 바로크양식인데 식민지 관리를 위하여 1911년 완성하였다. 동안 멀리 역사박물관은 역사관과 민족관으로 나뉘어 구석기부터 청동기까지 유물 5,000점을 연대별로 전시해 놓아 베트남 문화 이해에 도움을 준다.

베트남의 전통적 건물로는 동다군에 '문묘'가 있는데 공자의 위패를 모신 사당으로 잘 정리된 정원과 연못이 인상적이다. 이곳에 유학자를 양성하기 위하여 1076년 베트남 최초의 대학 국자감을 세우고, 그 경내 좌우에 있는 거북 머리 대좌를 한 진사 제명비에 1,306명의 과거 합격자 명단이 새겨져 있다. 정문 쪽에는 1805년에 건축된 규문각이 있는데 유학자들이 시문 창작, 담론 등 향유활동을 하는 곳으로 베트남인의 호학정신의 상징이다.

하롱베이는 베트남 북부 통킹만 북서부에 있는 해안선 120km 만안에, 하늘에서 용이 내려와 에메랄드 바다에 3,000개의 보석과 구슬을 안개 속에 뿌려놓은 듯한 섬들에 붙여진 이름 하롱(下龍)이다. 그중 1,969개 섬은 2천만 년 이상 열대습윤기후에 노출되어 석회암 용식으로 형성된 작은 섬, 절벽, 동굴 등 카르스트 지형의 파노라마로 1994년 세계자연유산에 등재되었다. 가장 높은 '티톱 전망대'에 올라 하롱베이 전경을 내려다보면 경탄을 금치 못한다. 전망대는 호찌민이 초청한 소련의 우주비행사 이름 「티톱」을 붙여준 기념건물이다. 베트남의 20만 동 지폐에 나오는 이곳 '키스바위'는 큰 연못에서 원앙새 한 쌍이 애정을 표현하는 듯하다. 다우베섬 안에는 다시 6개 호수의 몽환적 비경이 있고, 승숏동굴은 종유석이 장엄 화려하여 세계 7대 절경의 하나이다. 이곳 하롱베이섬 어촌 4곳에는 어민 1,600여 명이 살고 있으며 20~30여 동의 수상가옥 음식점에서 '한국식회'만 요리하고 있어서 우리도 그 보답으로 푸짐하게 한 상 차렸다.

49-1 여중교복 아오자이 / 49-2 하롱베이

베트남 2
: 호찌민·냐짱

사이공(호찌민시)은 메콩 삼각주 북쪽 사이공강 서안에 위치하여 남중국해에서 약 80km 내륙에 있는 하항이다. 16세기 베트남에 빼앗기기 전에는 캄보디아의 주요 항구였다. 그 후 프랑스 보호령 코친차이나 수도이었고, 1954~1975년에는 남베트남의 수도이었다. 현재 인구는 820만 명으로 베트남에서 가장 큰 도시이다. 사이공시는 프랑스 건축가에 의하여 설계되어 '동양의 파리'로 불릴 정도로 아름다운 도시로 성장하였다.

관광지로는 사이공 랜드마크 '노트르담 성당'은 로마네스크양식이라 하나 쌍둥이 첨탑의 높이가 불과 40m여서 초라한 고딕양식으로 보인다. 인민위원회(전 시청)와 중앙 우체국은 식민지 건축양식인

208   인생여행 보고 갈 곳이 여기다

콜로니얼 풍이라 하나 별로이고 아이보리색으로 화사하긴 하다. 참전국 국민으로서 베트남 역사박물관과 호찌민 전쟁박물관 등 전쟁의 참상을 살필 사명감을 가지는 것도 좋은 일이 아닐까? 특히 대통령 관저인 '통일궁'은 1975년 마지막 함락의 장소로서 정원에는 부수고 들어온 탱크, 옥상에는 버리고 간 미군 헬기가 전시되어 있다. 머리도 식힐 겸 2시간 거리의 메콩강 삼각주 투어에 나서면 배로 정글을 누비면서 현지음식도 먹고 베트남인 수상생활의 민낯도 볼 수 있다.

중부 베트남은 8년 동안 한국군이 주둔하여 월남의 평화를 지킨 중요한 지역이다. 청룡부대(사령관 김연상 준장)는 다낭과 호이안, 맹호부대(정순민 소장)는 퀴논, 백마부대(이소동 소장)는 닌호아, 십자성부대(유학성 준장)는 냐짱에 진주하였다. 물론 주월한국군 사령부(채명신 중장)는 수도 사이공에 있었다. 우리 파월 장병들은 월남 국민을 보호하기 위하여 짜빈동 전투, 오작교 작전, 홍길동 작전, 안케 전투 등과 맹호 1호~맹호 13호 작전, 백마 1호~백마 10호 작전 등에서 맹활약을 하여 국위를 선양하였다.

나는 십자성부대 공병 소대장으로 전후방이 없는 전쟁터에서 베트콩과 싸우면서 한국군 주요보급로를 굳게 지키고, 한편으로 군 건축물도 지었다. 사령부 맞은편에 장교와 사병 구락부 쌍둥이 건물을 '워커힐 한국관' 사진을 보고 건축하였는데 사령관 유학성 장군 발의, 중대장 소령 박세명 설계, 소대장 중위 박태화 감독이다. 나는 이 작품을 소대원 15명과 함께 땀 흘려 완성하였다. 기둥과 서까래의 단층은 한국의 사찰을 닮게 하였고, 추녀가 올라가서 처마가 2중 곡선이 된 화려한 팔작지붕인데 지붕 위에 올라가야만 기와가 아닌 함석지붕임을 알 수 있다. 또 화강석으로 우아하게 다듬은 아치형 출입문은 돌쪼시 아니 한국의 미켈란젤로 병장 장유복의 작품이다. 준공 후 유학성 사령관께서 냐짱의 기관장과 학생들을 초청하여 한옥문화를 자랑하곤 하였다. 한편 건축과정에서 소대원의 실수로 화재가 발생하여 구리스를 발라놓은 기둥의 거푸집을 몽땅 태워버린 것을 사령관이 목격하고 말았다. 나는 귀국 조치와 함께 군복을 벗는 것이 아닌가 걱정하고 있었는데 대대장이 와서 사령관이 "박 중위 소대원을 지휘하여 불을 잘 끈다고 하면서 칭찬하더라" 하였다. 유학성 장군은 호랑이 인상과는 달리 나에게는 항상 따뜻한 말을 아끼지 않았다. 내가 잊을 수 없는 한 분으로 고인의 명복을 빌어 마지않는다.

다낭은 인구 100만으로 현재는 베트남 제4위의 도시이고, 북으로 100km에 고도(古都) 후에, 남으로 30km에 호이안이 위치하여 이 지역의 중심도시로 급부상하고 있다. 우리나라 서울, 부산, 대구와 직항 비행기가 개통되어 한국 관광객이 많다. 후에(34만)는 응우옌 왕조(1802~1945)의 13대에 걸친 도읍지로 정치, 종교, 문화의 중심지로서 세계문화유산에 등재된 역사적 고도이다. 또 국토 남북 2,000km의 중간에 위치하여 수도로서 기능이 편리하고, 남북 베트남 자연과 인문의 각각 전환점이 되고 있다. '왕궁'은 중국의 자금성을 모방하여 4각의 성곽에 둘러싸여 있으며 그 길이는 10km가 넘는다. 냐짱은 8세기경 참파 왕족의 유적이 아직도 남아 있고, 현재 프랑스 식민시대에 개발된 베트남의 유명한 휴양지의 하나이다. 시내는 주월한국군 작전사령부(최대명 소장)가 위치하였고, 교외에는 십자성부대가 주둔하여 1년 동안 곳곳에 나의 발자국과 흔적을 남겨둔 곳이다.

남자의 일락(一樂)이 조국을 위해서 전쟁터에서 싸우고 살아서 돌아오는 것이라 했거늘, 1968년 1월 총알이 냐짱의 밤하늘을 수놓은 월맹군 구정 총공세에 죽지 않고 살아남아서 나는 금의환향하였다. 이것은 내가 교수가 되게끔 물심양면으로 뒷받침해 준 나의 착한 아내 임경옥 약사의 공로보다도 더 빛나고, 내 인생의 최고 영광으로 삼고 싶다.

50-1 빈룽어촌(자매부락) / 50-2 물고기 운반

50-3 물고기 판매 / 50-4 장·사병 회관 건축병사

50-5 회관 준공식(앞줄 중앙 채명신 사령관)

캄보디아 1
: 앙코르와트

1860년 프랑스 박물학자 겸 탐험가인 「앙리 무오(Henri Mouhot)」는 진귀한 나비를 채집하기 위하여 현지 안내인 4명과 함께 캄보디아 밀림 속으로 들어갔다. 어느 지점에 도착하자 안내인이 더 들어가면 몇백 년 동안 텅 빈 도시가 나오는데 그곳에는 수많은 유령들이 들끓고 있다고 했다. 안내인을 설득하여 밀림 속으로 들어가던 앙리 무오는 갑자기 펼쳐진 장관에 넋을 잃고 말았다. 그는 일기에서 "세계에서 가장 외진 곳에 세계에서 가장 아름다운 건축이 있었다니 믿어지지 않는다"라며 "그리스와 로마가 남긴 유적보다 위대하다"고 썼다.

앙리 무오가 발견한 곳은 400년 전에 멸망한 옛 도시 앙코르의 폐허인데 현재 캄보디아 북서부 톤레 샵 호수의 북쪽 씨엠 립 일대에 건축된 앙코르 왕국이다. 이 왕국은 12~13세기 두 왕의 강력한 통치로 번성하였고, 돌과 벽돌로 지어진 앙코르 와트 유적군, 즉 이명 '신들의 도시'이다. 그 후 사람들도 거대하다, 경이롭다, 정교하다, 신비하다고 토해냈다. 이 건축은 인도양식에서 발달한 크메르양식인데 건축학에서 동양 예술의 새로운 지평을 연 크메르 유적으로 2015년 세계 500대 관광지 중에서 1위를 차지할 만큼 250만(2018년)의 외국 관광객이 몰려왔다.

앙코르와트는 당시 태양의 수호자로 일컬어진 왕 「수리야 바르만 2세」는 현재 태국과 베트남 영토까지 세력을 떨쳤고, '왕의 사원'이란 앙코르와트를 대규모 도시로 건설하였다. 동서 1,500m 남북 1,300m의 웅장한 사원으로 25,000명의 인명을 동원하여 37년 동안 건축하였다. 다른 사원과 달리 서향으로 서쪽 정문에 큰 탑문을 세우고 몇 겹의 성곽이 앙코르와트를 싸고 마지막에는 폭 190m의 거대한 해자가 둘러싸고 있다.

사원을 제대로 보려면 전생, 현생, 내생 등의 3생을 거쳐야 한다는 말이 있다. 1층 미물계, 2층 인간계, 3층 천상계를 상징하고, 모서리 4개 탑이 3겹의 회랑과 연결되어 있다. 이것에 둘러싸인 중앙사당이 있고 그 위에 중앙탑이 있으며 크메르제국의 신화와 역사를 보여주는 천상의 여신 압사라 등 벽화가 부조되어 있다. 이 사원은 신의 세계를 지상에 구현한 사당인데 신의 영역인 '중앙탑'은 앙코르와트를 상징하는 건물로서 높이가 65m로 높고, 경사 70°의 가파른 계단식 피라미드이다. 이 유적은 수리야 바르만 2세가 힌두교 남신 비슈누에게 바친 것으로 종교의 중심이다.

앙코르 톰은 큰 왕성이란 의미로서 역시 신의 세계를 모방해 건설하였다. 「자야 바르만 7세」는 수리야 바르만 2세의 후계자로서 30년을 통치하면서 현재의 캄보디아, 라오스, 태국, 베트남 남부에 걸치는 광대한 지역을 지배했고 도읍인 앙코르를 재건하였다. 왕성은 한 변이 3km의 정방형인데 높이 8m 성벽으로 둘러싸고, 주위는 폭 100m의 해자를 둘러서 규모로 보면 앙코르와트보다 더 크다. 중앙에는 높이 43m의 '바이욘 사원'이 있는데 세계중심에 위치하여 왕의 지배가 전 세계에 미친다는 것을 상징하는 불교 사원이다. 이 사원에는 사면이 부처 얼굴인 54기의 사면불안(四面佛顔)탑이 있는데 자비로서 사방팔방을 비춘다는 뜻을 담고 있다. 사면불안은 '관세음보살의 미소'이고, 중생을 구원한다는 자비로운 이 미소는 보는 방향에 따라 다르다. 그래서 이 유적군 중에서 가장 뛰어난 건축예술품이다. 또 남문 밖 해자 위의 다리 양 난간에 늘어서 있는 조각상에서 1,000년 전 황홀한 예술세계에 정신이 몽롱해진다. 왼쪽은 고깔을 쓴 착한 선신이고, 오른쪽은 투구를 쓰고 얼굴이 무서운 악신이다.

타 프롬 사원은 자야 바르만 7세가 앙코르 톰을 건축하기 전 어머니의 극락왕생을 기리기 위해 세운 불교 사원이다. 이 사원의 방 한 곳에는 벽면과 천장을 각종 보석으로 장식하여 크메르왕국의 영화를 한껏 뽐냈었고, 당시는 성직자만 2,500명이 기거한 가장 아름답고 큰 사원(600m×1,000m)이었다. 경내에는 400여 년 동안 자란

거대한 '스펑나무'와 '벵갈 보리수'가 서서히 붕괴되고 있는 타 프롬
사원을 바로잡아 주어 감탄을 자아낸다. 이 나무는 뿌리가 몸통보다
빨리 성장함으로써 가능한 것이다. 그래서 나무가 건물의 외벽에 붙
어서 자라다가 결국 나무뿌리와 사원이 한 몸으로 얽히거나 휘감는
기괴한 모습이 된다. 이 사원은 영화 〈툼 레이더(무덤의 약탈자)〉에
서 감독 겸 주연을 한 「안젤리나 졸리」가 배경으로 해서 촬영한 나무
를 찾으면 서로 먼저 사진을 찍으려고 한바탕 소동이 일어난다.

51-1 중앙탑 / 51-2 스펑나무

캄보디아 2
: 톤레 샵

    1431년 타이랜드에는 강력한 아유타야 왕국이 들어서서 안으로는 불교를 공인하고 외적으로는 크메르와 말레이반도를 제압하였다. 또 앙코르 톰의 저수지를 파괴하여 캄보디아는 돌이킬 수 없는 파멸의 길로 치달았다. 앙코르 톰은 버려진 채 밀림에 묻혔고, 신비를 간직한 '잃어버린 도시'가 되었다. 프놈펜은 캄보디아 중남부 메콩·바사크·샵 등 3강의 합류점에 있는데 1866년 수도가 우동을 거쳐서 이곳으로 천도하였다. 그 후 프놈펜은 아시아의 진주, 동양의 파리라는 아름다운 도시로 변모하였다.

    캄보디아는 1864년에서 1953년까지 약 90여 년간 프랑스 식민 기간을 거쳐 입헌왕국이 수립되었다. 1970년 미국의 지원을 받은 「론

놀」 장군이 군사쿠데타를 일으켰다. 이에 저항하는 공산세력을 공격하기 위하여 미국은 농촌지역에 폭격을 퍼부었다. 농사를 지을 수 없는 농민은 수도로 집결, 론 놀시대 집권 말기에는 프놈펜 인구가 200만이 넘었다. 그러나 1975년 악명 높은 「폴 포트」의 무장단체 '크메르 루즈'에 의하여 프놈펜은 함락되었다. 이들 루즈는 미국이 도시를 폭격한다고 속여 도시민을 시골에 있는 집단농장으로 내몰았다. 이 과정에서 론 놀시대 공무원, 군인, 기업인은 물론 공부했다, 안경 썼다, 손이 하얗다 등 말도 안 되는 이유로 800여 곳에서 100만여 명을 매몰, 참살하는 **킬링필드**를 연출했다. 다행히도 1979년 「행 삼린」이 이끄는 '캄푸차 민족통일전선'이 베트남군의 지원으로 프놈펜이 수복되었다. 크메르 루즈 통치 5년간 프놈펜은 인구가 5천 명으로 감소했다.

프놈 펜은 프랑스가 계획한 도시로서 도시 정원이 아름답게 건설되었다. 중심에는 19세기 「노로돔 시아누크」 왕명으로 지은 아름다운 궁궐이 있다. 왕궁은 지붕 경사가 급하고, 용마루 양쪽에 물소 뿔을 형상화하여 전통양식을 살린 크메르식 건물이다. 관광지 왓 프놈 사원, 실버파고다, 국립박물관, 독립기념탑 등을 둘러보는데 교통수단은 '똑똑이(삼발이)'가 제격이다. '왓 프놈'은 도심에 있는 가장 오래된 큰 사원으로 도로 이정표의 기점이 되고 있다. 캄보디아 눈물인 킬링필드 상징 '뚜얼슬렝 고문박물관'에 와서 2달러의 입장료를 지불하고 보관된 유골을 보면 인간의 짓이 이렇게 잔인할까 가슴이 저린다. 그래서 가슴도 풀 겸 가까운 메콩강 투어에 나서면서 길거리 대표상품인 대나무 통밥 '끄럴란'을 사 와서 그 속의 쫀득쫀득한 찰밥을 먹으면서 선내에서 보는 프놈펜은 풍치가 그윽하다.

메콩강은 국토의 중앙을 흘러서 생명의 젖줄이자 문화의 터전이고, 최근에는 귀한 관광자원이 되었다. 메콩강은 세계 12위의 긴 강(4,020km)이고, 수량은 10위로 많다. 또 6개국을 흐르면서 유역 면적은 80만km²이고, 유역 인구는 6,500만이 되나 국제하천으로서 역할은 미약하다. 그것은 강 길이의 1/2이 중국에 속하고(2020년 11개 대형 댐 건설), 계절별 유량의 차이가 클 뿐만 아니라 국경 부근의 급류로 항해가 어려워 내륙국 라오스가 발달하지 못한 요인도 된다. 강 이름도 캄보디아는 '톤레 메콩' 태국과 라오스는 모든 강의 어머니라는 뜻의 '메남 콩' 베트남은 '메꽁' 미얀마는 '메캉'이라 부르고 있다.

톤레 샵은 바다(호수)를 담고 강을 품었다는 뜻인데 생성원인은 지각의 인도판과 아시아판이 충돌하여 지질학적 침하로 형성된 동양 제1위 큰 호수이다. 건기(12월~4월)에는 면적 2,500km², 수심 1m이다. 그러나 우기(5월~10월)는 메콩강 물이 120km를 역류하여 면적 16,000km², 수심 9m가 된다. 이때 호수면적은 건기의 약 6배이고, 국토면적의 약 11%가 된다. 또 호수는 길이 160km, 폭 36km가 되어 멀리 수평선을 볼 수 있으며 오후에는 저녁노을과 함께 점점 붉어지는 톤레 샵에 매료된다. 이때는 정기 여객선이 이곳 씨엠 립에서 수도 프놈펜까지 잘 다닐 수 있으며 주변의 많은 농지와 숲은 메콩강이 실려 보낸 황토물이 삼켜버린다.

톤레 샵은 '캄보디아의 어머니'라고 일컬어지는 호수로서 담수어 200여 어종이 있고, 어획량이 85.6만 톤(중국 300만 톤)을 잡아 세계 3위로서 캄보디아 국민의 단백질 60%를 공급한다. 또 이 나라 인구 100만 명이 톤레 샵에 의존해 살고 있으며 30%는 오고 갈 데 없는 베트남 난민이다. 이곳의 거주지는 수상가옥으로 그중에는 학교, 교회, 상가도 있다. 깜퐁 플럭 수상가옥 촌락에 가서 쪽배를 타고 맹그로브 숲속의 샛강을 투어하면 그들 수상생활의 민낯을 볼 수 있어서 톤레사프 관광의 하이라이트이다.

52 톤레 샵

미얀마 1
: 바간·만달레이

동티베트에서 내려온 버마족은 1044년 중부 바간(Pagan)에서 「아나우라타」가 왕좌에 올라 남부 싯탕강 유역에서 인도의 불교를 받아들여 문화적으로 앞선 몬족을 누르고 미얀마를 통일하였다. 그 후 1287년 몽고족의 침입을 받고 무너졌으나 1579년 미얀마 최후의 왕조 알라웅파야 왕국은 인접부족을 점령, 재통일하였다. 그들은 세력을 계속 확장하여 인도의 아쌈지방을 점령했으나 1885년 영국에 굴복하였다. 그리하여 영국 식민지 인도령의 1개 주로 초라하게 전락했다. 또 2차 대전 동안 잠시 일본의 지배까지 받았으나 1948년까지 영국의 식민지였다.

바간은 미얀마 최초의 왕도로서 현재 제2의 대도시 만달레이 남

외국 편   221

서 150km 거리에 위치하고, 이 나라 중부에 있는 경이로운 불교 유적지이다. 우리는 양곤에서 곧바로 36인승 소형비행기를 갈아타고 이곳 바간의 냥우 비행장에 도착하였다. 이곳 불탑은 11~12세기에 지어진 것으로 42km² 경내 5,000여 개 중 2,200여 개가 남아 있는 **탑들의 고장**이다. 황금지붕과 뾰족탑을 가진 사원들이 정글 속에 그림같이 솟아 있는데 우리는 '호스까'라는 마차를 타고 이동하면서 불탑을 관람하였다. 이곳 불탑들은 내셔널 지오그래피(National Geography)가 선정한 죽기 전에 가서 봐야 할 Top 10에 포함되었고, 캄보디아 앙코르 와트, 인도네시아 보르부드르와 더불어 세계 3대 불교유적지이다.

'쉐지곤 파야(1087)'은 미얀마 파고다의 어머니라고 불리는 바간 왕조 최초의 건축물(유적 제1호)로서 이 황금대탑은 바간 사원양식에 큰 영향을 준 불탑의 전형이다. 내부에는 부처님의 머리뼈와 앞니의 사리를 모시고, 부처님 전생을 묘사한 그림이 있어서 불교의 성지로 추앙받고 있다. '아난다 파야(1091)'는 동서남북 4면 중앙 성소에 9.5m의 목조 도금 입불상이 있는데 조성 시기와 형상이 각각 다르나 건축미가 빼어나고 잘 보존된 가장 아름다운 사원이 되었다. '쉐산도 파야'는 금빛 부처님의 머리카락을 안치했다는 이 사원은 바간에서 가장 높은 불탑으로 석양의 햇살과 붉은 벽돌의 파고다가 한데 어울려 장관을 이루어 바간 여행의 백미다. 그래서 아름다운 일몰 풍경을 보는 관광객으로 북새통을 이룬다.

만달레이는 전 수도 양곤으로부터 북쪽 750km에 위치하고, 국토의 지리적 중심이 되어 교역이 번창하였다. 2,500여 년 전 부처님이 다녀감으로써 수많은 승려의 본고장이고, 미얀마 불멸의 심장으로 숭상되었다. 꼰바웅 왕조 「민돈 왕」은 만달레이를 수도로 건설하여 바간에서 1859년 천도하였다. 왕궁은 도심 한복판에 자리하고 있는데 1변이 3km인 정방형의 해자에 싸여 있으며 국가의 정신적인 구심점이 되었다. 또 수도가 된 이후 고대와 현대가 묘한 대조를 이루면서 대도시로 성장하였다.

'쿠도도 사원(1857)'은 729개의 하얀 탑들이 줄지어 있는데 그 속에 민돈 왕의 명령으로 나뭇잎에 기록되어 있던 부처님의 말씀을 대리석 석판에 옮겨 보관한 세계 유일한 '석장경'이다. 이를 탁본으로 뜨면 400쪽 불경이 38권이나 되어 쿠도도 사원은 미얀마의 법보사찰로 보인다. '마하 간다용 수도원'은 1914년 설립되어 스님을 위한 교육기관으로 3,000명이 기거하며 수행할 수 있다. 이곳 스님들이 항아리 모양 '발우'를 들고 아침에 탁발하고 공양하는 긴 행렬은 어제와 오늘 승려와 중생이 가지런히 공존하는 모습이다. 이웃에는 아름다운 따웅떠만 호수 위를 가로질러 놓은 우베인다리가 있다. 250년 전 1,086개의 티크나무를 세워서 만든 1.2km 외줄다리가 아스라이 이어져서 장관을 이룬다.

이라와디강(2170km) 가에 많은 배들이 정박하고 있으나 부두시설이 하나도 없는 자연 그대로의 제방이다. 우리는 초라한 관광용 배를 타고 북으로 달려가니 화물선과 유람선이 많이 지나가고 있다. 건기인 12~3월을 제외하면 남부 삼각주 평야의 쌀, 중부지방의 티크와 면화를 가득 싣고 바다처럼 다니는 교통의 대동맥이다. 1시간 거슬러 올라간 밍군섬에는 1205년 건축된 순백의 '신뷰메 사원'이 있다. 천상의 세계인 수미산을 형상화하고, 일곱 산의 줄기가 마치 흰 물결을 일으키는 듯한 장대한 사원이다. 이웃 밍군 대탑은 벽돌로 쌓아 동산처럼 보이는 전탑인데 지진에 찢겨 있다. 또 타종하는 세계최대의 범종인 민군 종(90톤)이 마당에 방치되어 안타까웠으나 우리는 곧 이라와디강의 황홀한 저녁노을에 빠져들었다.

53-1 쉐지곤 파야 / 53-2 쿠도도 사원

미얀마 2
: 양곤·인레 호수

　미얀마는 아름다운 자연, 순수한 사람, 신비로운 문화를 가진 나라
이다. 그러나 낙후한 불교국가, 폐쇄적 군사 독재국으로 베일에 가
려진 땅이라는 것도 편견이 아닌 사실이었다. 또 고식적으로 남자들
은 치마처럼 생긴 '론지'를 입고, 여자들은 하얀 피부를 유지하기 위
하여 흰색의 '타네카'를 얼굴에 바르고 다닌다. 현재는 연평균 8%의
경제성장으로 아시아의 떠오르는 별이다. 산지에서는 티크 목재를
세계 75%나 생산하고, 쌀 수출은 세계 제1위이다. 지하자원은 육상
에서는 석유가 5억 8천만 배럴, 해상에서는 천연가스가 5,000억m³
매장되어 있다. 샨고원에는 루비, 사파이어, 호박 등 보석을 엄청 품
고 있는데 특히 루비는 세계생산의 80%를 차지한다.

이 나라의 경제발전은 무엇보다 「아웅 산 수치」 여사의 2015년 총선승리를 이끌어 미얀마의 오랜 군부독재를 종식시킨 결과로 보인다. 그녀는 버마 건국의 아버지이자 국민영웅 「아웅 산」 장군의 딸로 박근혜 대통령을 연상케 한다. 그러나 불교국인 이 나라에서 최근 인도아리안계 무슬림인 **로힝야 족** 수천 명이 살해되고, 70만 명이 국경 넘어 방글라데시 난민 캠프에 피신하였다. 이 사태는 그녀가 미얀마 정부 실세로서 방조하여 전 세계의 민주화영웅으로 받은 1991년 노벨평화상이 퇴색되었다.

양곤은 이라와디강의 삼각주에 위치한 항구도시로서 미얀마의 관문이다. 이 나라 교통의 대동맥 이라와디강을 통하여 양곤에서 중부의 바간과 만달레이를 지나 1,080km 상류에 있는 북부도시 바모까지 큰 배가 다닌다. 유역면적이 국토의 3/5이나 되며 이 지역의 젖과 꿀이 자연스럽게 양곤으로 흘러드는 집수적(Catchment Area) 입지이다. 양곤은 영국의 식민지가 되면서 수도가 되었고, 2005년 군사정부가 양곤 북쪽 350km에 행정수도 내피도를 건설하여 천도하기 전까지 120년간 수도였다.

'쉐다곤 파야'는 미얀마의 심장이자 불교의 성지로서 들어가는 순간부터 황금빛 파고다의 향연이다. 미얀마 사람은 한번 참배하지 않고는 죽을 수 없다는 99m 황금대탑이 있는 이 사원은 양곤의 랜드마크이다. 사원은 1453년에 건축되었는데 정사각형 기단의 둘레는 426m이고, 탑은 황금 70톤으로 덧씌워져 있으며 꼭대기에는 다이아몬드 5,448개, 루비와 사파이어 2,317개 등 보석으로 장식되어 있다. '차욱타지 사원'은 6단계에 걸쳐서 조성된 길이 66m 높이 19m의 거대한 와불이다. 부처님의 상호(相好)에는 빨간 립스틱을 짙게 바르고, 속눈썹이 길며 발바닥에는 108개 문양을 새긴 열반상이 아닌 휴식상이다. '아웅 산 국립묘지'는 1983년 전두환 대통령 일행이 이 묘소를 참배하던 중 북한에서 장치한 폭발물이 터져 서석준 부총리, 이범석 외무부 장관, 김동휘 상공부 장관 등 17명이 순국한 참사의 현장으로 일행 기우항 교수와 나는 그분들의 명복을 빌었다.

해호는 중동부고원에 있는 인레 호수로 가는 비행로의 관문으로 호수 주변에 살고 있는 인따족 200여 개 마을의 중심 소도시이다. 우리가 묶을 관광촌락 낭쇄의 선착장에 나가니 5~6명이 탈 수 있는 긴 쪽배가 있는데 이 호수의 택시이고, 달릴 때는 물보라를 뿌리고 요란한 모터 소리를 내는 낭만의 대중교통수단이다. 인레 호수는 해발 약 900m이고, 우기에 길이 22km 폭 11km 수심 6m이다. 호수 안 17개의 수상마을에는 1,500여 명이 살고 있는데 호수의 아들 인따족의 어업, 농업, 공방 등 전통적인 삶의 모습이 이곳은 물론 미얀마의 중요한 관광자원이다.

어업은 한 발로 선미에 서서 중심을 잡고 다른 한 발로 노를 저어서 그물을 치고, 고기 잡는 방법은 전 세계에서 이곳에서만 볼 수 있는 낭만의 어로 풍경이다. '쭌모'라는 수경재배는 갈대 같은 풀들을 물에 많이 띄우고 바닥의 진흙을 그 위에 올려서 토마토, 가지, 고추를 주로 재배하는 이곳만의 독특한 농경이다. 또 베 짜기, 은세공, 담배 말이 등 수공예의 전통공방도 주업이었다. 그러나 최근에는 '보트 트립 관광객'이 몰려오면서 호수 위에 식당, 호텔 등 수상 리조트를 신축하여 생활이 향상되고 있다.

이곳 빠다웅 고산족은 '목이 길어 슬픈 여인들의 마을'로 유명하나 목이 길수록 아름답다는 감언으로 놋쇠로 만든 둥근 고리를 목에 걸어 길게 늘인다. 어른이 되면 최고 10kg까지 걸어서 몸을 옥죄여 동작도 인형의 움직임처럼 부자연스럽다. 원래는 산악지역인 중부 카야 주의 오지 판펫 7개 마을에 살아온 몽고인의 후예로 알려져 있다. 지금은 인레 호수에 이주해 와서 여행자를 상대로 상업과 서비스업의 종사자가 되었다.

54-1 차욱타지 와불 / 54-2 인레 호수

인도 1
: 힌두교 시대

힌두교는 2010년 기준 약 10.3억(세계 인구의 15%) 명의 신자를 가지고 인도에서는 인구의 79%가 믿고 있으며 고대에서 현대까지 몰락이나 침체 없이 번성하고 있는 (범)인도교이다. 힌두교는 백인종이고 유목민인 아리안 족이 전래한 브라만교가 인도반도의 토착신앙과 결합하여 BC 15세기경 힌두교로 발전한 것으로 세계에서 가장 오래된 종교이고, 인도인의 생활방식과 사회구조 전반에 영향을 미쳤다. 힌두교는 세계에서 신의 숫자가 가장 많은 종교로서 1인당 1신이라는 설명도 있다. 가장 중심이 되는 힌두교의 주신은 창조의 신 '브라흐마', 유지의 신 '비슈누', 파괴의 신 '시바' 등 3신이 대다수이다. 그러나 브라흐마 신은 이론적으로 서열이 높지만 관념적으로 강대한 힘은 후자 비슈누와 시바 신이다.

힌두교는 종교라기보다 인도인의 삶의 양식(樣式)으로서 창시자, 탄생 시기, 경전 등에 통일성과 강제성이 없으며 기도는 주술적인 원시신앙에서 형이상학적 고등 철학까지 모두 포함된다. 그 철학과 사상은 윤회(輪廻), 업(業), 해탈(解脫), 도덕적 행위로 요약된다. 윤회는 인간도 이 윤회의 과정에서 쌓은 업(카르마), 즉 선업(善業)이냐 악업(惡業)이냐에 의하여 인간이 다음 생애에는 짐승 또는 천신으로 태어난다고 믿는다. 해탈은 깨달음의 경지에 도달하는 것인데 이를 위한 신행은 고행(苦行)과 제의(祭儀), 인욕과 참선에 의하여 효과적으로 도달할 수 있다고 생각한다. 무엇보다 타 종교에 대해서 관용적이고 덜 배타적인 것이 특징이다.

BC 6~5세기경 힌두스탄 평원에는 고대 인더스 문명(BC 26~19) 이후 2번째 도시 문명이 성립했다. 이들 16국가 중에 으뜸이 마가다 왕국이었는데 그 중심은 인도의 북동부 갠지스강 중하류의 비하르주이다. 그 문화는 「우파니샤드」의 힌두교, 「마하비라」의 자이나교, 「싯다르타 고타마」의 불교 등이 배경이 된다.

바라나시는 우타르프라데시주에 위치한 힌두교의 성지로서 인도인의 삶과 문화, 역사와 전통이 숨 쉬는 곳이다. 즉 인도의 종교 및 문화의 수도라 한다. 바라나시를 흐르는 갠지스강은 힌두교의 성스러운 젖줄로 강가 가트(계단)에서 강물에 몸을 담그고, 또 그 물을 마시며 심지어는 사체를 화장까지 함으로써 언제나 많은 신도들이 북적인다. 그래서 바라나시는 '삶과 죽음이 공존하는 도시', '신비로운 영혼의 도시'이기도 하다.

카주라호 사원은 바라나시에서 약 250km 서쪽 마디아프라데시주에 위치하고 있는데 인도-아리안 건축양식의 걸작으로 꼽히는 사원군이 있다. AD 9~13세기 번성한 찬델라 왕조에 의해 수도인 카주라호에 무려 85개의 사원을 세웠으나 그 후 이슬람 세력에 의해 파괴되고 22개 힌두교와 자이나교 사원들이 수도의 서부, 동부, 남부 등에 남아 있다.

대표적인 서부 사원군은 12개 중 '락슈미나 사원'에는 시바 신에 바쳐진 900개의 조각 중 남녀의 성행위를 표현하는 **미투나 상**이 사원의 외벽에 조각되어 이곳 관광의 하이라이트이다. 이 조각상에서 여인들의 풍만하고 농염한 육체와 약 80여 가지의 성행위가 적나라하고 외설적이고 엽기적인 조각으로 너무나 섬세하여 그저 놀랄 뿐이다. 동부 사원군은 3개 자이나교 사원이 있는데 그 불상은 나신(裸身)이다. 자이나교는 BC 599년 마하비라가 창시하여 모든 소유를 버림으로써 비로소 자유롭게 된다는 교리에 따라 무신론, 비폭력, 나체수행 등 신행이 불교와 공통점이 많다. 그러나 수행방법은 중도를 유지하는 불교보다 극단적인 고행주의이다.

인도의 성인 「간디」는 이들 인도관광의 하이라이트 미투나 상을 보고 "모든 카주라호 사원을 다 부수고 싶다"고 하였으나 신들도 부끄러워 사원을 못 부수었는데 가능할까요? 건축연대가 AD 950~1050년으로 추정되는 미투나 상이 왜 이들 사원에 새겨졌을까? 그 이유는 무엇일까? 북인도에서 남과 여, 음과 양, 정신과 육체의 합일을

통해 마음의 평화와 해탈을 이룰 수 있다는 사상인 '탄트리즘의 영
향'이라는 주장이 가장 설득력 있다.

55 미투나 상

인도 2
: 불교시대

마가다 왕국의 크샤트리아 계급인 「찬드라 굽타」가 인도를 침입한 알렉산더 대왕을 만나서 용기를 얻고, BC 322년 인도의 최초 통일 왕조인 마우리아 왕조를 창시하였다. 초대 찬드라굽타 왕은 자이나교에, 2대 「빈두사라 왕」은 힌두교에, 3대 「아소카 왕」은 불교에 귀의했다. 특히 불교도인 아소카 왕은 8.4만 개의 불탑 '스투파'를 세워서 전국을 불국토화 하고, 고도의 갠지스문화를 다른 지방에 전파했으며 불교가 세계적 종교로 발전하는 기반을 조성하였다. 그 후 불교를 전 세계에 퍼 나르게 되었는데 BC 1세기 재가자 중심으로 개인의 해탈을 중시하는 소승불교는 동남아시아에 전파되었고, AD 1~2세기 깨달음을 추구하면서도 중생의 구제를 중시하는 대승불교는 티베트, 중국, 한국 등에 전파하였다.

산스크리트어 「샤카무니」는 한자로 석가모니(釋迦牟尼)인데 석가는 부족 명으로 '능하고 어질다'라는 뜻이고, 모니는 '성자'라는 의미로 줄여서 샤카(석가)가 되었다. 그 외에 존칭어로 세존, 석존, 불, 여래 등이 있다. 아버지 카필라성 국왕 「숫도다나」가 지어준 이름으로 싯다르타(이름) 고타마(성)는 '소원성취'라는 의미가 있다. 석가는 인간의 삶이 생 · 노 · 병 · 사(生老病死)가 윤회하는 고통으로 이루어져 있음을 자각하고 이를 벗어나기 위해 출가하였다. 그때 부처님은 16세 때 결혼한 아름다운 아내 「야소다라(고모 아미타의 딸과 근친)」가 있었고, 사랑하는 아들 「라훌라」도 있었다. 석가의 일생과 관련하여 탄생지 룸비니, 깨친 곳 보드가야, 첫 설법을 한 사르나트, 입멸한 쿠시나가라 등 4대 성지가 있다.

룸비니는 네팔 남부 테라이지방으로 숫도다나 왕의 부인 「마야데비」가 BC 624년에 수도를 떠나 친정으로 가던 중 이곳 룸비니에 이르러 사라수 가지를 잡고 싯다르타 고타마를 낳은 신성한 곳이다. 1896년에 2200년 전의 아쇼카 석주가 발견되어 룸비니가 확인됨으로써 가장 중요한 불교유적지가 되었다. 네팔은 룸비니를 인도에 뺏기지 않기 위해서 100루피 지폐에 "부처님의 탄생지는 네팔"이라고 써두었다. 인도와 네팔의 국경부근 이 마을은 8km²의 신성한 정원에 한국, 미얀마, 태국, 스리랑카, 라오스, 중국, 일본 등 7개국이 특색 있게 불교 사원을 짓고 있다. 한국은 1995년부터 '대성 석가사'를 이곳을 방문하는 신자들의 불전으로 짓고 있는데 3층 대법당이

1,935평으로 룸비니에서 제일 넓고, 높게 짓고 있다.

보드(부다)가야는 인도 북동부 비하르주 가야시에 있는데, 석가는 29세의 나이로 출가, 입산하여 6년간 모진 고행을 하여 깨달음을 얻지 못하자 네란자라강에 내려와 목욕을 하고, 마을소녀「수자타」가 공양해 준 우유 죽을 먹고 마침내 정각을 성취하였다. 이곳은 3세기경 아쇼카 왕이 세웠다는 방추형 52m의 웅대한 마하보디 대탑과 아쇼카 석주가 있다. 이 대탑 서편에 뽕나뭇과의 깨달음의 나무 보리수(25m) 1그루가 있는데 바로 이곳에 있는 '황금색 금강보좌'가 성불의 자리이다.

사라나트, 즉 녹야원(鹿野園)은 힌두교의 성지 바라나시 북쪽 11km에 위치 사실상 힌두교 지배지역이다. 부처님이 35세에 성도 후 최초의 설법을 개시하고, 배반한 제자 마하마나, 콘단냐, 아사지 등 비구 5명을 제도한 곳으로 유명하다. 이 사슴 동산에는 아쇼카 왕이 세운 사원은 무너져 내리고, 그 터와 주춧돌만이 남아 있다. 지금은 유일하게 사암을 재료로 쌓은 차우칸티 스투파(유골을 매장한 화장묘), 즉 영불탑만 있는데 그 이름은 '진리를 보다'라는 뜻이다.

쿠시나가라는 인도 고대 16국의 하나인 말라 왕국의 수도인데 현재 카시아마을 부근이다. 이곳 대장장이의 아들「춘다」가 공양한 버섯 죽을 세존은 먹고 식중독으로 BC 544년 80년 생애를 마감하였는데 부처님 최후의 유계는(遺戒)는 "모든 것이 무상하니 방일하지 말고 정진하라"는 말이었다. 세존의 친사촌이고, 10대 애제자의 한 사람인「아난존자」는 마하파리니르바나 사원 열반당에 부처님의 와상을 모시었다가 화장하여 '열반탑'을 세워 사리를 봉안하였다. 그는 기억력이 좋아 불멸 후 불경이 후대에 전해진 것은 전적으로 그의 기억력의 덕택이다.

56 룸비니

인도 3
: 이슬람교시대

    무굴제국은 1526년에서 1857년까지 인도반도의 대부분을 통치한 이슬람 왕조이다. 시조 「바부르(1483~1530)」는 중앙아시아 티무르 왕조의 티무르 황제 5대손으로 칭기즈 칸의 후예이다. 그는 사마르칸트에서 성장한 후 카불을 점령하고, 인도에 침입하여 델리의 로디 왕조를 격파하고 초대 황제가 되었다. 제2대 「후마윤 황제(1530~1556)」와 제3대 「악바르 황제(1556~1605)」는 인도를 지배하에 넣었다. 악바르 사후 샤자한 황제, 아우랑제브 황제로 이어지는 시기에 무굴제국의 전성기를 이루었다. 이러한 성공은 타 종교를 포용하고, 인두세를 폐지하는 융화정책이 효과를 거둠으로써 이때 형성된 문화가 인도 역사상 가장 찬란한 황금기였다. 그러나 18세기부터 포르투갈, 네덜란드, 영국 등이 차례로 진출하여 무굴제국은 1857년 330년간 지속하고 결국 멸망하였다.

뉴델리는 1911년부터 20년간 걸쳐 완성한 인도의 수도이고 격자 상의 계획도시이다. 레드포드는 올드 델리의 대표적인 명소로서 안에서보다 밖에서 보면 아름답고 정교한 붉은 요새, 즉 성이다. 이슬람 왕조가 델리를 정복하고 세운 최초의 이슬람 건축물인 꾸뜹미나르는 가장 높은(72m) 전승기념 첨탑이다. 또 자마 마스지드는 샤자한의 최후의 걸작품으로 이슬람식과 힌두식이 혼합된 아름다운 사원으로 25,000명의 예배가 가능하다. 그 외 제1차 대전 때 영국을 위해서 죽은 인도 병사의 위령탑이 있는 인디아 게이트와 황제 후마윤 무덤이 주요 볼거리이다.

자이푸르는 뉴델리 서남 약 200km 위치하고 있는 라자스탄주의 주도인데 1728년 이 암베르지역 통치자인 「자이싱 2세」에 의해 건설된 정방형의 성곽도시이다. 궁궐 시티 팰리스가 거리 전체를 핑크 시티로 물들게 하고, 5층의 아름다운 '바람의 궁전'은 대로변에 있는데 외출이 금지된 궁녀들이 2층 창문을 통해 외부세계를 보는 방이 관광객들의 눈길을 끈다. 또 북쪽교외 11km 떨어진 험준한 암반지대에 조성된 암베르 성채도 붉은 성이고, 붉은 망토를 두른 코끼리를 타고 느릿느릿 올라가면 운치가 있고 과연 여기가 인도이구나 하는 생각이 든다.

아그라 성은 이 나라 중앙에 위치한 우타르프라데시주에 있고, 16세기 악바르 대제가 수도를 델리서 아그라로 옮기고, 손자인 제5대

「샤자한(1592~1666)」이 완공하여 왕궁으로 사용하였으며 전체가 적색 사암으로 붉은 성이라 부른다. 그러나 내부의 하얀 대리석 건물과 어우러져 웅장함과 정교함을 동시에 느낄 수 있는 건물이다. 그는 건축을 사랑하여 이어서 거대한 영묘(靈廟) **타지마할 묘**당을 지었다.

타지마할 묘는 황제 샤자한이 아내 「바누 베굼」을 총애하여 잠시도 아내 곁을 떠나지 않았고, 심지어 전쟁터까지 함께 다녔으며 아내를 왕궁의 보석이라는 '뭄타즈 마할'이라 칭하였다. 그녀는 14번째의 아이를 낳다가 39세의 나이로 세상을 떠났다. 샤자한의 슬픔은 너무 깊어서 머리카락이 하얗게 세었다고 한다. 그는 아내를 위하여 아그라성 교외 야무나강 가에 세계에서 가장 아름다운 '흰 대리석 무덤, 즉 꿈의 궁전'을 건축하였다. 황제는 이탈리아, 이란, 프랑스에서 건축가를 초빙하고, 2만 명의 장인과 함께 22년에 걸쳐 사원처럼 건설하였는데 대칭과 조화에서 불멸의 건축물이 되었다. 이 무덤은 명품 디자인의 3요소로 생각되는 단순미, 우아미, 세련미를 완벽하게 지상에 실현해 낸 건축예술로 빚은 장엄한 조형시라 한다. 1983년 세계문화유산에 등재되었고 또 신(新)세계 7대 불가사의 건축물로 지정하면서 "인도에 있는 무슬림 예술의 보석이며 인류가 보편적으로 감탄할 수 있는 걸작"이라 평가하였다.

무심만 버즈는 제6대 황제 「아우랑제브(1658~1707)」가 아버지 샤자한이 사후 자기의 무덤을 타지마할 묘와 대칭인 곳에 **검은 대리석 무덤**을 요구하였다. 그래서 아버지를 이 건물에 8년간 유폐시킨 궁궐, 즉 '포로의 방'이다. 샤자한은 타지마할 묘를 지척에 두고 사후가 되어

서야 흑 대리석이 아닌 흰 대리석 무덤의 아내 곁으로 가게 되었다.

57 타지마할 묘당

네팔

네팔은 힌두교가 국교이나 불교, 라마 불교, 원시신앙 등이 함께 녹아 있는 종교의 용광로이다. 네팔에서는 티베트 불교의 거대한 탑을 '초르텐'이라 부르고, 사원의 입구마다 흰 탑을 세워 유명한 승려의 유골을 보관하고 있다. 개인의 소원이나 경전을 5색 만장에 빽빽이 적은 '타르쵸'를 초르텐에 걸어두면 바람에 휘날리는 타르쵸 소리를 "바람이 경전을 읽고 가는 소리"라고 표현한다. 진리가 이 바람을 타고 세상에 퍼지면 중생들은 해탈한다고 믿는다. 또 손에 쥐는 북 '마니차(摩尼車)'를 한번 돌릴 때마다 라마 경전을 읽는 효과가 있다는 법륜의 신행이 이곳의 신앙생활이다.

세계 8,000m 이상 고봉 14좌 중 에베레스트산을 비롯하여 8좌가 네팔에 있으나 인도와 국경의 테라이 평원은 해발고도 겨우 70m의 저지대이다. 1인당 GDP가 1,000달러 미만의 극빈국으로 분류되나 문화대국 인도를 보고 네팔에 가면 깨끗한 천국에 온 기분이고, 많은 산림자원과 관광자원을 바탕에 깔고 있어서 이 나라의 미래는 밝아 보인다. 네팔은 말라 왕조가 AD 1200년부터 550년간 통치하면서 훌륭한 왕궁, 많은 사원, 아름다운 광장을 건축하였다. 왕조 후기에는 카트만두, 파탄, 박타푸르 3개의 왕국으로 분할, 서로가 경쟁적으로 예술과 문화의 발달을 가져왔다.

카트만두는 해발고도 1,300m에 위치하고 있으며 수도로서 볼거리가 많다. '카트만두 왕궁'은 도심의 더르바르 광장에 있는데 주 건물이 일견 법주사 팔상전 모습을 하고 있으나 고대 왕궁을 상징하는 네팔양식의 건물이다. 파탄 왕궁은 시 남쪽 5km에 위치하여 지난해 무혈시위가 집중되어 「가넨드라」 국왕을 물러나게 한 민주화의 성지이다. 박타푸르 왕궁은 시 동쪽 15km 멀리 있으며 옛 모습이 잘 보존되어 〈리틀 붓다〉의 촬영지이고, 제왕의 권력을 상징하듯 위엄이 있다.

'스와얌푸나트 사원'은 2000년 된 대표 사원으로 네팔 불교의 성지이다. 새하얀 돔에 황금빛 첨탑과 불상, 지나가면서 돌리는 큰 마니차가 상징이다. 카트만두를 한눈에 조망할 수 있는 서쪽 언덕에 있으며 원숭이가 많아 '몽키 사원'이라 한다. '보드나트 사원'은 티베트 불교의 총본산이고, 네팔에서 가장 크고 높은 스투파(38m)로 탑돌이 하는 코라 신자가 많다. '파슈파티나트 사원'은 국왕이 해외 순방

할 때 꼭 찾아와서 참배한다. 이곳 바그마티 하천 변의 노천 화장장을 보노라면 사람을 태운 연기가 인접한 많은 주택을 묻어버려도 이 연기를 향기처럼 느끼는 일상생활을 보면 바라나시의 갠지스강처럼 네팔이 힌두교 국가임을 각인시켜 주는 곳이다.

도심 '더르바르 광장'은 옛날 왕이 왕위에 오를 때 대관식 장소로 이용되었으며 지금은 현대적 호텔과 시장 안산 뜰레도 있다. 그러나 이곳 여행자의 거리에 가면 기념품을 파는 난전은 너무나 토속적인 물건들이 많아서 시간이 거꾸로 흐른 세계에 들어온 듯하다. 독특한 것은 네팔을 상징할 수 있는 종교행사가 있다. 네팔의 수호신 '탈래주 화신'을 대신하여 살아 있는 여신 **쿠마리**를 모신 행사이다. 그녀를 모셔놓은 이곳 가르(집) 3층에서 하루에 3번씩 얼굴을 보여준다. 쿠마리의 선정은 2~5세의 여아 중에서 몸에 흠집이 없는 등 32가지 조건을 충족해야 하고, 초경이 있을 때까지만 신의 지위에 있다. 신앙 대상으로 어린 화신을 모셔놓았으나 인권침해의 논란과 더불어 '가르'는 사원인가 신당인가?

포카라는 제2의 도시로서 해발고도 900m에 위치하여 인도와 네팔을 연결하고, 동시에 평야와 산지를 이어준다. 또 히말라야 경관을 잘 조망할 수 있는 세계적인 휴양지이다. 교외 '사랑 고트'에 가면 가까운 고봉 안나푸르나 1봉(8,092m), 2봉, 3봉, 다울라기리 (8,169m), 마나슬루(8,165m) 등을 조망할 수 있다. 세계 10위의 1봉은 가장 적은 사람을 정상에 올려놓았고 가장 많은 사람을 저승으로 안내했다. 한국 엄홍길은 5번 도전하여 1999년 1봉을 정복하였다. 그러나 김영자(1984)는 정상 사진 분실로 불인정 되었고, 지현 옥(1999), 박영석(2011)은 하산 도중 불귀의 객이 되어 이곳 안나푸르나 극락에 잠들어 있다. 부근 페와 호수에 가서 이들 고산준봉을 배경으로 사진을 촬영하면 호수 면에 비추어진 새하얀 설산과 함께 너무나 평화로운 선경이 이곳 관광자원의 아이콘이다.

58-1 더르바르 광장 / 58-2 페와 호수와 안나푸르나산

• 59 •
호주 1
: 자연

독일의 지질학자가 아닌 기상학자 「알프레드 베게너」가 1912년 저서 대륙과 해양의 기원에서 **대륙 이동설**을 발표했다. 그는 1930년 돌아오지 못하는 그린랜드 탐험을 4번째 개썰매를 타고 영원히 떠났다. 그 후 20년 뒤에 대륙 이동설은 거센 반대를 잠재우고, 정설로 인정받게 되었다. 찢어진 신문지를 맞추어 보고, 남미 브라질의 중동부 둔부와 아프리카의 기네아만의 안부가 잘 맞아서 원래는 하나의 대륙인데 쪼개져서 이동하였다고 단정하였다. 이 학설에 의하여 오스트레일리아의 형성을 분석하면 이 대륙은 중생대에 인도, 아프리카, 남아메리카, 남극대륙 등 7개가 하나인 큰 대륙 곤드와나(Gondwana)랜드의 일부이다. 이 대륙은 먼저 백악기(9,500만 년 전)에 남미와 아프리카가 연 9cm 속도로 떨어져 나갔다. 다시 아프리카에서 인도와 아라비아반도가 7,000만 년 전에 분리 북·동진하였다. 이어서 4,500만 년 전에는 남극이 남진하여 호주는 세계에서 가장 큰 섬 하나로 남태평양에 외롭게 남게 되었다.

호주는 동서 4,000km, 남북 3,200km의 대륙으로 면적은 남한의 78배이다. 호주의 지형은 서부고원, 중앙저지, 동부산지로 구분한다. 서부고원(300~700m)은 이 대륙의 1/3로서 평탄한 순상지이고 내륙은 사막이다. 중앙의 '카르지니 국립공원'은 지구 비밀 46억 년 중 26억 년의 역사가 9개의 협곡에서 층별로 오롯이 새겨져 있다. 이곳 데일스 협곡의 포테스큐 폭포와 페른 풀은 호주관광의 새 코스가 되었고, 붉은 대지층의 '로이 힐 철광산(23억 톤)'은 2015년부터 포스코가 투자하여 30년간 안정적인 철광석 수입이 확보되었다.

동부산지는 그레이트디바이딩 산맥이 남북으로 3,700km 뻗어 있는데 중간의 해발 1,000m 구릉지에는 사암이 만들어 낸 기암협곡과 폭포 등이 어우러져 있으며, 이곳 수목은 코알라가 좋아하는 유칼립투스로 덮여 있다. 이 나무수액과 강렬한 태양빛이 만나 파란색을 띠어 '블루마운틴 국립공원'으로 지정하게 되었고, 호주의 그랜드캐니언으로 일컬어진다.

중동부저지는 국토의 약 20%인 170만km²인데 해발고도 20m 이하 저지이고, 이곳 호수는 해면보다 낮은 염호가 많다. 중앙부 '대찬정 분지(15만km²)'는 피압지하수가 자동분출하나 지하 대수층을 싸고 있는 불투수층이 암염으로 지하수는 염도가 높아 농업에 부적당하다. 이 반사막지대(강수량 100mm)는 염분에 저항성이 강한 면양을 기르기 위하여 우물(自噴井) 4,700개를 파고 풍차로 물을 보내어 호주를 상징하는 목장이 조성되었다. 이곳에는 유대류인 캥거루와 코알라, 유일한 맹수 딩고(들개), 알을 까고 새끼에 젖을 먹이는 단공류인 오리너구리와 가시두더지 등은 세계에서 호주에만 서식한다. 북동해안에 있는 길이 2,300km의 '그레이드 배리어 리프' 대 산호초는 달에서도 보인다고 하나 대부분이 물에 잠겨 있다. 1981년 세계 자연유산에 등재될 정도로 다양한 해양생물의 서식지이다.

애버리지니(Aborigine)는 유럽인이 이주 이전에 호주에 살았던 최초의 종족이다. 총인구는 80만 명가량으로 호주 전체 인구의 3.3%이다. 이들은 약 5만 년 전 빙하기에 아프리카에서 호주대륙으로 들어왔으며 그 때문에 뉴기니, 솔로몬제도 등의 멜라네시아인과 유전인자가 거의 동일하다. 이들은 '닷 페인팅'이라는 초라한 문화로 볼 수 있는 동굴벽화를 남겼다. 신체는 중간 크기의 신장에 몸에 털이 많고, 피부는 가무잡잡하고 코가 낮다. 남자는 심한 곱슬머리이나 여자는 물결형이 많다.

호주가 '백호주의'를 버리기 시작한 1960년대 와서야 원주민인 애버리지니에게도 선거권이 주어졌다고 한다. 2008년 호주정부가 매년 5월 26일을 지난날을 반성하는 뜻으로 '쏘리 데이(Sorry Day)'를 지정하였으나 남겨진 상처가 아물지 않는다. 그래서 하이드 파크에 있는 쿡선장 동상이 철거될 운명이다. 동상은 위대한 신화의 상징과 반대로 허구로서 그 기단에 쓰여 있는 "이 영토를 1770년에 발견했다"는 대목은 그때까지 이 땅에 약 5만 년 동안 살고 있었던 애버리지니는 사람이냐? 동물이냐?

59-1 찬정분지의 면양 / 59-2 애버리지니

호주 2
: 시드니·캔버라

　1770년 영국의 뛰어난 항해가이면서 탐험가이고, 지도 제작자인 「제임스 쿡(1728~1779)」이 뉴질랜드를 거쳐 호주의 동해안을 탐사하고 이곳을 뉴 사우스 웨일스라 선언하였다. 쿡(Cook)의 과학적 탐험은 2차 항해로 이어져 남극권과 뉴칼레도니아를 발견하고, 3차는 베링해협을 지나 북빙양에 도달했다가 하와이에 와서 1779년 원주민에 의하여 피살되었다. 쿡이 제작한 지도는 정확했으며 현재와 거의 같은 태평양 지도를 만들었다.

　영국은 1788년 11척의 배에 최초의 죄수 1,500명을 싣고 시드니에 도착하여 호주는 죄수를 조상으로 출발한 나라가 되었다. 그 후 1790년부터 세계 각지로부터 자유이민을 제한 없이 받아들이고,

1850년 골드러시로 중국인 노동자 급증 등 1880년까지 223만 명이 쇄도하였다. 그 후 백호주의로 아시아인종 유입을 금지했으나 1973년 이 법이 폐지된 이후 중국이민이 줄곧 영국이민을 추월하였다. 지금은 중국인 졸부들의 부동산 투기로 부동산 가격에 거품이 일자 다시 백호주의를 동경하고 있다.

시드니는 뉴 사우스 웨일스 주도이다. 1973년 지붕이 아름다워서 범선과 소함대들의 돛을 떠올리게 하는 **오페라하우스**가 문을 열고, 이미 준공된 '하버 브릿지'와 조화를 이루는 도시, 즉 세계 3대 미항이 되었다. 오페라하우스는 시드니뿐만 아니라 호주의 랜드마크로서 뛰어난 창의력과 혁신적인 방법을 결합시킨 세계에서도 가장 아름다운 건축물의 하나이다. 국제적인 작품공모에서 덴마크 건축가 「예른 웃손」의 출품작인데 2차 심사에서 낙선된 작품을 다시 심사하여 빛을 보았다. 반대자들의 논평은 "교접하는 흰 거북이 들"이라거나 "공포에 질린 베일 쓴 수녀들" 같다는 조롱이 쏟아졌으나 이 작품은 2007년 세계문화유산으로 등재되었다. 지금은 국가의 중요행사가 진행되는 곳이고, 중요한 문화공간으로 매년 200만 명의 관광객이 방문한다. 새해맞이 불꽃놀이를 비롯하여 매년 3,000여 회 문화행사가 열리는데 우리나라 패티 김, 이승철, 조수미도 공연한 바 있다.

하버 브릿지는 1932년 개통 당시는 세계에서 가장 길고, 가장 넓은 8차선의 자동차 도로와 2차선의 기차 철로가 있고, 또 양쪽에 보행자를 위한 도보가 붙어 있는 철제 아치교이다. 시드니시의 화려한 경관을 즐길 수 있는 1.5km의 '브릿지 클라이밍'은 아찔한 200계단을 올라 파일론 전망대(134m)에 서면 360°의 환상적인 전경, 특히 밤에 오페라하우스 야경은 관광객을 천국으로 안내한다.

대성당과 백화점 등이 있는 도심의 한복판(CBD)에서도 좀처럼 볼 수 없는 넓은 '하이드 파크'가 있는데 나는 다리도 쉴 겸 이 공원의 넓은 잔디에 누워 있으니 너무도 예쁜 반라의 백인 아가씨가 담배를 물고 활보하는 모습에 나는 넋을 잃을 것만 같았다. 본다이 비치도 시드니 도심에서 멀지 않는 동남해안에 위치하여 푸른 바다와 하얀 모래밭이 펼쳐져 있는데 나상(裸像)의 젊은 커플이 여기저기 섞여 있어 환상적이다. 특히 비치의 남쪽은 서핑하기에 인기 있는 해변으로 거대한 흰 파도가 부서지고 있었다.

수도는 캔버라인데 시드니 남서쪽 280km, 멜버른 북동쪽 660km에 위치한다. 1908년 양대 도시 시드니와 멜버른은 수도를 서로 유치하기 위하여 싸우지 않고 황무지 캔버라를 입지로 타협하였다. 도시계획은 국제경연 결과 시카고대학 교수 「그리핀」이 설계한 인공도시가 선정되어 1913년 도시건설이 시작되었다. 캔버라의 설계는 1898년 영국의 「하워드」 전원도시(田園都市) 이상과 운동에 크게 영향을 받아 '숲이 우거진 수도(Bush Capital)'란 별명을 들었다.

캔버라는 인구 2만 5천(현재 31만)으로 계획하고, 방사상의 가로구조의 중심에 관청지구와 상업지구를 배치하였으며 그 주위에는 인공 호수까지 포함하고, 교외에는 주택위성도시가 계획되어 있는 세계 제1의 방사상 계획도시 표준이 되었다. 1927년 임시수도 멜버른에서 천도한 후에도 건축이 계속되었으나 1960년 일단은 완성하였다. 그러나 아직도 미완으로 보고 공사를 계속하고 있다.

60 오페라하우스의 야경

뉴질랜드

뉴질랜드는 호주와 달리 곤드와나랜드에서 떨어져 나온 적자가 아니고, 신생대 이래 지각의 판 구조에서 호주판과 태평양판이 충돌하여 치솟은 환태평양 조산대(불의 고리) 서쪽의 마지막 2개의 섬으로 화산이 많고 지진이 잦다. 호주 동남쪽 1,600km 위치한 인간이 발견한 마지막 섬 중의 하나이다. 북섬은 '활화산'의 전시장이고, 남섬은 '빙하지형'의 파노라마로 2개의 섬의 지형적 성격이 크게 다르다. 세계에서 이 섬에만 살고 있는 새 '키위'는 날지 못하는 야행성 조류로 뉴질랜드의 국가 상징물이다.

뉴질랜드는 1642년 네덜란드인 「아벌 타스만」이 처음으로 발견하였고, 1769~1777년 쿡 선장이 답사한 후 호주의 뉴 사우스 웨일스

주에 소속시키고, 고래와 바다표범잡이의 기지로 이용하였다. 이곳에는 AD 1150년부터 타히티로 여겨지는 신비의 땅 '하와이키'에서 온 **마오리(Maori)족**이 원주민으로 14세기 대선단이 도착하면서 절정을 이루었다. 이들은 태평양 중동부의 많은 섬에 살고 있는 폴리네시아인과 유전인자가 거의 동일하고 호주의 원주민 '애버리지니'와는 다르다.

마오리족은 하늘과 땅이 낳은 종족이라 하나 아시아 어딘가(타이완) 원주지라는 학자가 있다. 그래서 신장이 크고 피부는 밝은 갈색이고 머리털은 검은색 직모이다. 이 종족은 문자가 없어서 구전문학이나 웅변 등 큰 소리나 특이한 동작으로 의사를 전달한다. 예술품은 목공예, 옥 장신구 등의 단순한 유물이 전부이다. 한편으로 식민지화가 진행됨에 따라 영국인의 토지강탈로 마오리족은 2차례 영국과 큰 전쟁을 치렀다. 그 결과 통치권을 영국에 주고 생존권을 확약받는 '와이탕기 조약'을 맺었다.

북섬은 화산활동이 활발하게 진행되어 유황 냄새, 진흙 웅덩이, 간헐천 등으로 '치유의 땅'이 되고 있다. 이 섬 중앙에 약 1백만 년 전부터 형성된 타우포 화산대에는 가장 액티브한 3개의 활화산이 있다. 그중 나우루호에 화산(2,291m)은 높은 원추형 화산으로 정상에 만년설이 있고, 산기슭에 3개의 에메랄드빛 '기생호수'도 있다. 그래서 1894년 최초 통가리로 국립공원으로 지정하여 2개의 스키장 설치 등 아름다운 경관으로 영화 〈반지의 제왕〉과 〈운명의 산〉 등의 배경도 되었다. 공원 북쪽 마오리문화의 중심 로토루아 시의 지열계곡에 있는 포후투 간헐천에는 한때 30~100m 높이로 온천수를 분출하였다. 북섬 중앙에 있는 타우포호는 2.7만 년 전에 세계에서 가장 큰 폭발이 일어났다. 그래서 함몰된 분화구에 형성된 '칼데라호'는 넓이 616km² 깊이 160m로 아주 크다. 이곳 「크리스 졸리」가 갈색 송어와 무지개 송어를 올렸던 플라이 낚시는 액티브 시니어 투어의 백미이다.

남섬은 북섬과 사이에 쿡 해협이 있는데 가까운 곳은 불과 23km이다. 남섬의 알프스 산맥은 남북으로 달리고 빙설이 빛난다. 이곳 최고봉 마운트 쿡(3,724m)이 있는 태즈먼 국립공원은 헬리콥터를 타고 둘러보는 '헬리 하이크'와 내려서 곡빙하(27km)를 걸어보는 투어도 있다. 이 산맥 동사면의 켄터베리 대평원은 푄현상에 의한 건조기후로서 목양이 주이고, 정상에 눈 녹은 물로 빙하호를 조성하여 밀과 포도 재배를 확대하고 있다. 그러나 서사면은 서안해양성기후로서 연 강수량 6,000mm가 되어 세계에서 가장 습한 지역이고, 해안에는 피오르(U자 빙하곡)가 발달하였다. 대표 빙하곡 '밀퍼드 사운드(15km)'는 양쪽 절벽이 평균 1,200m인데 많은 폭포가 걸려 있어서 하늘에서 흰 옥이 쏟아지는 신비의 피오르 해안으로 유람선을 타고 둘러보는 것이 남섬 관광의 진경이다.

뉴질랜드 주요산업은 양, 소, 말 사육의 목축업인데, 1882년 냉동선이 취항하여 양고기 해외 수출 증가로 양의 수는 한때 인구의 20배이었으나 현재는 14배로 줄고, 젖소가 2배로 증가하고 있으며 목양지도 전 국토의 50%가 되어 풍부하다. 또 교육제도가 우수하고,

여성의 지위가 높은 복지국가이다. 특히 뉴질랜드 내에서 일어나는 상해와 사고의 의료비는 관광객을 포함하여 모든 외국인까지 지원해 주고 있다. 이것이 오늘날 전 세계에서 유일하게 뉴질랜드만 가지고 있는 '복지서비스 및 사고보장제도'이다.

61 밀퍼드 사운드 피오르

헝가리

헝가리 민족은 중앙아시아 계통의 마자르(Magyar)족으로 그들의 고향은 아시아이다. 우랄산맥 동남부에 거주하다 서쪽으로 이동, 우크라이나 초원을 맴돌다가 9세기경 슬라브족이 거주하는 헝가리 대평원으로 들어와 정착하였다. 그들은 유목을 하는 기마민족으로서 4세기 로마제국을 두려움에 떨게 했던 '훈족'과는 같은 뿌리라고 한다. 마자르족은 10세기 이르러 동로마제국으로부터 에스파냐에 이르기까지 유럽 전역을 유린하자 교황은 마자르 지도자 「이슈트반 1세」에게 국왕의 칭호를 주었다.

헝가리는 대체로 유럽의 지리적 중앙에 위치하여 면적 9.3만km² 인구 약 1천만의 비교적 소국이고 오스트리아, 슬로바키아, 크로아티아, 세르비아, 루마니아 등 7개국에 싸인 전형적인 내륙국이다. 그러나 긴 도나우강(2,850km)이 이 나라의 중앙을 흘러서 국내는 물론 외국과 편리한 교통을 제공하여 이 나라 발전에 크게 기여한 강이다. 도나우강은 독일의 슈바르츠발트에서 시작하여 오스트리아, 헝가리, 세르비아, 불가리아, 루마니아 등 10개국을 거쳐 흑해로 흘러가면서 각국의 수도 비엔나, 부다페스트, 베오그라드 등 주요 도시를 연결하는 명실상부한 **국제하천**이다. 강 이름도 도나우(독일 · 오스트리아), 두너(헝가리), 두나이(슬로바키아), 두나브(크로아티아), 두나프(불가리아), 두너레아(루마니아) 등 나라마다 다르다.

수도 부다페스트는 도나우강이 도시 중앙을 남북으로 흘러서 '도나우 진주', '도나우의 장미'로 알려질 정도로 도나우의 젖과 꿀을 독차지하는 도시이다. 또 도시 전체가 세계문화유산으로 지정될 정도로 고풍스러운 건축물과 문화유적이 즐비하다. 수도는 도나우강 서편 부다(Buda)와 동편 페스트(Pest)를 합쳐서 '부다페스트'라 부른다. 서편 언덕에 있는 '부다 왕궁'은 성곽과 함께 네오바로크양식의 화려한 건축물로 역대 국왕이 거주했으나 현재는 국립미술관과 역사박물관으로 사용한다. 또 1255년에 건축하여 국왕의 결혼식과 대관식을 한 마차시 성당이 있고, 헝가리 애국정신의 상징인 어부의 성채가 있는데 7개의 흰색 고깔 모양의 지붕이 인상적이다. 이곳 왕궁의 아담 클라크 광장에서 '푸니 쿨라'라는 경사지 열차로 도나우강 세체니다리와 연결되어 동편의 도심에 진입한다.

동편 페슈트는 시의 도심(CBD)인데 도나우강 변에 있는 국회의사당은 네오고딕양식으로 독립 1,000년을 기념하여 건축(1884~1902)하였으며 길이 268m 너비 118m 높이 90m이고, 주위에는 88개의 전 대통령 동상이 있다. 특히 화려한 조명으로 기막힌 야경을 연출하여 동유럽 여행의 하이라이트이다. 그러나 불행히도 이 야경을 보기 위한 한국의 '참 좋은 여행사' 관광객 33명을 태운 유람선 '허블레아니호'가 침몰(2019년 5월 29일 밤 9시)하여 26명이 도나우강의 수중고혼이 된 곳, 삼가 고인들의 명복을 빈다.

'성 이슈트반 대성당'은 초대국왕 이슈트반 1세를 기념하기 위해 19세기부터 50년간에 걸쳐 지은 네오르네상스양식으로 50종류 이상의 대리석이 사용되었고, 96m의 높은 첨탑 등 부다페스트에서 가장 인기 있는 성당이다. 재단 중앙에는 왕의 대리석상, 재단 뒤편에는 오른손 미라가 있다. 또 대왕이 기독교를 국교로 받아들인다는 뜻으로 왕관을 성모마리아에게 바치는 성화 「쥴러 벤추르」 걸작도 있다. '세체니다리'는 도나우강의 양안을 연결하는 8개 다리 중 1849년 최초로 건축된 현수교로서 부다페스트 발전의 요소이고, 템즈강의 런던다리를 건설한 「클라크」를 초빙하여 만든 명품으로 부다페스트를 상징하는 대표 아이콘이다.

헝가리 독립 1,000년을 기념하기 위하여 1896년 지어진 '영웅 광장'이 있는데 중앙에는 이곳 대평원에 마자르족을 정착시킨 국부 「아르파드」의 기마상이 있고, 그 양쪽에 백성들이 존경하는 영웅들의 조각상이 있다. 또 시민 공원 안에 있는 세체니 온천은 유럽에서도 규모가 가장 큰 온천이다. 이곳 온천의 역사는 오스만 튀르크의 '터어

키 탕'에 이어서 고대 로마의 목욕문화까지 거슬러 올라간다.

62 국회의사당

63

오스트리아

　근대 유럽을 지배한 두 왕가는 프랑스의 '부르봉 왕가'와 오스트리아의 '합스부르크 왕가'이다. 오스트리아 「마리아 테레지아」 여왕의 막내딸 「마리 앙투아네트」가 프랑스 루이 16세의 왕비가 되었다. 프랑스혁명이 일어나자 왕실의 반혁명과 낭비에 대한 책임을 물어 1793년 콩코드 광장에서 세계 최초로 국왕과 왕비가 차례로 단두대의 이슬로 사라지는 비운을 겪었다. 합스부르크 왕가는 그 영역이 동부 유럽과 북부 이탈리아의 일부로서 면적 약 68만km² 인구 4천만이고, 수도는 비엔나(빈)로 중부 유럽을 재패하였다. 그 후 오스트리아 황태자 부부가 보스니아 수도 사라예보에서 암살되면서 오스트리아는 세르비아를 공격하여 제1차 세계대전이 발발하였다. 그러나 패전으로 1938년 독일에 강제 합병되었으나 1945년 독립하였다.

오스트리아도 국토의 70%가 알프스산지로서 최고의 스키장 베스트 10에 속하는 '오베르 구르글'을 포함하여 스튜바이, 생 안톤, 구타이 등 20곳의 큰 스키장을 자랑하고 있다. 오스트리아의 알프스는 눈 내리는 기간이 길고, 설량과 설질이 최고 수준으로서 '흰 눈 속의 나라'와 '동화 속의 나라로' 보이게 하는 스키장들이다. 또 동화 같은 알프스 호반마을로 '봄의 왈츠' 배경이 된 조용한 할슈테터호와 몽환적인 루체른호 등 70여 개의 빙하호를 가지고 관광객을 유혹한다.

알프스산지는 스위스, 프랑스, 이탈리아 등과 공유하고 있다. 그야말로 오스트리아도 젖과 꿀이 흐르는 산, 알프스산을 품고 있다. 오스트리아는 1964년 1월 인스부르크에서 제9회 동계올림픽을 개최하였으며 잘츠부르크는 알프스산 속에서 가장 큰 도시로서 부근은 소금광산과 스키 타기 좋은 곳으로도 유명하다. 이 지역에서 농장의 1년 평균 수입(1978)은 낙농업으로 5만 유로, 스키어들을 위한 민박 운영으로 16~20만 유로가 되어 관광이 주요 소득으로 바뀌고 있다.

수도 비엔나는 도나우강 변의 유서 깊은 도시로 베토벤, 모차르트, 슈베르트 등 세계적인 음악가들이 활동했던 '예술의 수도'이다. '쇤브룬 궁전'은 합스부르크 왕가의 여름 궁전으로 1,441개 방이 있고 넓은 정원이 있다. 그리스도 역사상 최초의 순교성인「슈테판」의 이름을 딴 고딕양식의 슈테판 대성당은 중심가 케른트너 거리에서 비엔나를 900년을 지켜왔다. 이 성당은 모차르트가「콘스탄츠」와 결혼식을 거행한 기쁨의 장소이기도 하고, 장례식이 치러진 슬픔의 곳이다. 시가지에는 관광 말 마차가 다른 많은 자동차가 하나도 불편하지 않다는 듯이 유유히 지나가는 낭만의 거리로 보인다. 최근 UN 사무 분국, 석유 수출국 기구, 국제 원자력 기구 등이 입주하여 세계의 수도 역할도 하고 있다.

「베토벤(1770~1827)」은 독일의 본에서 태어났으나 생의 대부분을 이곳 빈에서 작곡 활동을 하였다. 그는 청력을 잃은 비운의 작곡가였으나 중요작품 일부는 소리를 들을 수 없는 마지막 10년에 작곡한 위대한 작곡가였다. 삶의 철학을 대사 없는 음악으로만 표현해 음악의 위력을 드러내었고, 〈피아노 협주곡 3번〉, 〈교향곡 운명〉 등 주옥같은 애연곡을 후대에 남겼다.

「모차르트(1756~1791)」는 35세에 위대한 업적을 남기고 불꽃같이 살다간 서양 음악사상 최고의 천재 작곡가로서 6세 시 쉰브룬 궁전에서 마리아 테레지아 여왕과 그 가족 앞에서 연주하여 여왕이 이 음악 신동을 안아주었다. 그는 빈을 "음악 애호가의 성지", "유럽의 보석 같은 여행지"라고 하였다. 잘츠부르크에 그의 생가가 있는데 지금은 박물관으로 사용되고 있으나 영화 〈사운드 오브 뮤직〉의 배경이 된 곳으로도 유명하다.

「슈베르트(1797~1828)」는 31세에 요절했으나 가곡 600편, 교향곡 13편, 오페라 등을 작곡하여 가곡 왕이 되었다. 슈베르트의 〈아베마리아〉는 천사 같은 어린이 목소리에서 유명 성악가의 천상의 목소리로 감상할 수 있다. 소프라노 조수미가 2006년 파리에서 공연할 때 부친 사망의 비보를 듣고도 끝까지 이 〈아베마리아〉를 열창하였다.

63 쇤부른 궁전

64

크로아티아

유고슬라비아는 1945년 나치의 지배로부터 해방된 뒤로 「티토」에 의하여 35년간 안정적으로 통치되었다. 1980년 티토가 사망한 이후 집단지도 체제가 되었으나 1991년 슬로베니아와 크로아티아가 독립을 선언하면서 많은 피를 흘리고 보스니아 헤르체고비나, 세르비아, 몬테네그로, 마케도니아 등 6국으로 쪼개졌다. 남슬라브인의 땅이란 뜻의 유고슬라비아를 하나로 묶어두기에는 내적으로 인종과 종교가 너무 복잡하다.

크로아티아 토착민은 BC 10세기경 이주해 온 남부 라틴계의 일리리아족(Illyria)이다. BC 3세기 로마에 나라를 잃었고, AD 5세기 훈족의 침입을 받았고, 7세기 북부 우크라이나 지역에서 슬라브족의 대대적 유입으로 크로아티아인은 남슬라브인에 둘러싸인 '인종의 섬'이다. 크로아티아는 우리나라 TV tvN 〈꽃보다 누나〉에서 소개되어 출연한 김자옥, 윤여정, 김희애, 이미연, 이승기 등의 열연으로 잘 알려져 있다.

크로아티아 북동부는 평원지대(해발 200m 이하)로 수도 자그레브가 있으며 서부는 디나르알프스산지가 남북(650km)으로 달리고, 평균 고도 1,600m의 장엄한 석회암 산이다. 이 산지 북부에 있는 **플리트비체 국립공원**은 요정의 숲이라는 이름에 걸맞게 너도밤나무, 전나무, 삼나무 숲 사이로 수많은 작은 계곡과 폭포, 건조 돌리네(Doline)와 유수성 폴리예(Polije)가 있다. 더욱이 신비한 16개 호수와 90여 개의 폭포가 어우러져 카르스트 지형(True Karst)의 파노라마를 이루고, 호수가 발하는 빛은 짙은 사파이어색이나 햇빛과 광물질의 양에 따라 청록색, 하늘색, 진한 파란색을 띠어서 이 나라뿐만 아니라 발칸반도 관광의 보석이다.

수도 자그레브 시가지는 중세풍의 벽돌길, 주황색 지붕, 미끄러져 가는 파란색 트램이 조화를 이루고 있다. 도심의 옐라치치 광장에서 언덕을 오르면 장엄한 네오고딕양식의 '자그레브 대성당'은 성스러운 성모승천의 성당이다. 108m의 쌍둥이 첨탑은 몽고족의 침입(1242), 지진(1880)의 파괴로 한쪽이 손상되어 높이가 다르다. 그외 빨강, 파랑, 흰색의 타일 모자이크로 지붕을 엮은 '성 마르코 성당' 등 유적이 언덕 위 구시가지를 아기자기하게 수놓고 있다. 이곳 '크라바타'는 크로아티아에서 가장 큰 넥타이 가게로 한 땀 한 땀 수 작업으로 만들어지고 있다. 30년 전쟁 시 프랑스를 지원하러 파병된 크로아티아 용병에게 그들의 부모나 연인이 목에 크라바타(붉은 천)를 감아준 것을 루이 14세가 따라함으로써 파리에서 유행하였고, 이 것이 변형, 오늘날 '넥타이의 기원'이 되었다.

스플리트는 달마티아 해안에 그리스시대부터 주거지로 건설된 항 구도시로 이 나라 제2의 도시로 성장하였다. 로마 황제「디오클레티 아누스」는 이곳 자신의 고향에 비잔틴 및 고딕양식의 아름다운 궁전 (AD 305)을 지어 '황제의 도시'라 부르게 되었다. 최상급의 대리석 과 심지어 이집트에서 기둥까지 뚱쳐와서 장식하는 등 심혈을 기울 였다. 성(城)은 동서남북 각 방향으로 금속의 이름을 붙인 문이 있 는데 동은 은(銀)문, 서는 철(鐵)문, 남은 동(銅)문, 북은 금(金)문이 다. 특히 북문에는 시민들의 존경을 받는 주교「그레고리우스 닌」의 4.5m 동상이 있는데 엄지발가락을 만지면 소원이 이루어진다는 소 문 때문에 많은 사람들로 붐빈다.

두브로브니크는 이웃 나라 보스니아에 의해서 단절된 월경도시이 고, 7세기에 좁은 해안절벽에 형성된 도시이나 지중해 무역의 중심 지로 발달하였다. 또 16세기 베네치아 사람이 쌓은 성벽은 1667년 대지진으로 파괴되었으나 복구하였다. 지금도 중세도시 모습의 구시 가지를 에워싸고 있는 성벽 (둘레 2km, 높이 23m) 위를 걸으면 오 른편은 푸른 하늘 아래 짙은 에메랄드색 바다가 전개되고, 반대편은 수많은 주황색 건물 지붕이 고풍스러운 시가지와 어우러져 있다. 특 히 고딕, 르네상스, 바로크양식의 수도원과 궁전이 잘 보존되어 이

도시가 '역사의 보물 창고', '아드리아해의 진주'라 일컬어지고 있다.

64-1 벼랑 끝 두브로브니크 / 64-2 플리테비체 국립공원

65

러시아 1
: 모스크바

루스(Rus)라는 사람들은 러시아 북서부에서 남하한 슬라브계의 바이킹 후예로서 9세기 후반 비잔틴제국으로부터 기독교를 받아들이고 지금의 우크라이나 공화국 수도인 키예프에 최초로 '키예프 공국(公國)'을 세웠다. 그러나 14세기 칭기즈 칸의 손자 「바투」의 정복으로 러시아 전체가 몽고의 지배를 받았다. 그 후 키예프 공국이 붕괴되자 정치적인 중심이 동북쪽의 모스크바 산림지대로 옮겨갔다. '모스크바 공국'은 킵차크한국의 지배를 벗어나 주변의 여러 공국을 병합하여 통일을 달성하였다.

모스크바는 레닌의 혁명에 의하여 상트페테르부르크에서 수도를 1918년 옮겨와서 줄곧 소련과 러시아의 수도가 되었다. 방사형도시 모스크바는 그 중심에 넓이 7.3만m²(500m×200m)의 크지 않는 '붉은 광장'이 있는데 대규모 군사퍼레이드나 국가행사가 행해진다. 이 광장 남쪽 가장자리에 크렘린 궁전이 있고, 그 가까이 지하 30m 에 시신이 방부 처리된 레닌 묘가 있어 참배객이 많다. 동단에는 바실리 대성당, 서단에는 국립 역사박물관, 북쪽은 국영 굼 백화점 등이 둘러싸고 있다.

바실리 대성당은 모스크바의 랜드마크로서 「이반 4세」가 몽고의 후예 타타르한국(汗國)을 정벌한 기념으로 1561년 세운 세계적으로 아름다운 건축물이다. 다시는 이렇게 예쁜 건물을 세우지 못하게 건축가 「야코블레프」 눈알을 빼버렸다고 한다. 중앙탑 49m 주위에서 갖가지 색깔로 소용돌이치는 8개의 양파 모양의 돔은 '비잔틱양식'과 '러시아정교양식'이 혼합된 유명한 예술작품이다. 현재는 갤러리로 사용되고 있으나 많은 외화를 벌어들이는 러시아의 귀중한 관광자원의 보석이다.

크렘린 궁전은 모스크바의 중심에 위치한 건축예술의 기념비로서 르네상스와 비잔틴문화가 융합된 황금빛 돔과 십자가는 러시아의 심장이자 위대함의 상징이다. 지난날 냉전시대 세계를 좌지우지할 만한 막강한 정책들이 은밀하게 계획되고 실행한 곳이 바로 이곳이다. 모스크바 강 언덕 위에 1변 700m 삼각형의 성벽에 둘러싸인 중세시대 건축된 성채로서 왕조의 중요한 근거지이자 동방정교회의 요람이다. 성내는 제정시대 대궁전(대통령 궁)과 관청(대통령 집무실)을 지나면 성모승천 '우스펜스키 사원(국보 1호)'이 있는데 황제의 대관식과 총주교의 임명식을 거행하는 곳으로 5개의 황금색 돔이 빛나고 있다. 죽은 후에도 죽지 않는 영예로움을 간직한 교회의 매장풍습으로 「이반 1세」의 관(1340)을 비롯하여 48개의 관이 안치된 '아르항겔스키 사원(대천사 성당)', 9개의 돔 지붕을 가진 황실 전용의 '블라고베센스키 사원' 등이 있다. 그 아래는 세계에서 가장 큰 40톤의 차르대포와 200톤의 깨어진 차르 종이 있다.

모스크바대학은 러시아 외무성과 함께 구소련정부가 1953년에 건축한 '스탈린고딕양식'의 7개 건물 중 하나인데 1990년까지 유럽에서 가장 높은 마천루로 높이 240m 강의실 5,000개 복도 길이가 무려 33km이며 모스크바시를 한눈에 내려볼 수 있는 레닌 언덕에 있다. 이 대학은 노벨상 수상자가 13명, 필즈상 수상자 6명으로 세계적 명문대학이다. 국가수반으로 소련의 '개획(페레스토로이카)과 개방(글라스노스트)정책'을 시행, 세계적 냉전을 종식시키고 구소련에서 우크라이나 등 이민족 14국을 독립하게 하여 1990년 노벨평화상을 탄 「고르바초프」 전 대통령도 이 대학 출신이다.

아르바트 거리는 모스크바에서 빠뜨릴 수 없는 문화예술의 거리로 늦은 밤까지 젊은이와 관광객으로 붐빈다. 신 아르바트 거리에는 초상화를 그려주는 길거리 화가도 만날 수 있고, 한국의 롯데호텔과 롯데백화점도 있다. 특히 이곳은 한국계 가수 「빅토르 최」의 추모 벽이 있어서 발길을 끈다. 그는 러시아의 '록 음악의 선구자'이자 '국민가수'이다. 라트비아의 수도 리가에서 28세에 자동차 사고로 생을 마감하자 소비에트 전역에서 5명의 여성이 따라서 자결한 우상의 인

물이다. 이곳 선물상점의 '마트료시카'는 3~10개가 하나에 들어 있
는 목각인형인데 러시아를 상징하는 관광상품으로 1890년대 농촌지
역에서 시베리아 자작나무로 개발하였다.

65-1 바실리 성당 / 65-2 모스크바대학

러시아 2
: 상트페테르부르크

로마노프 왕조의 4대 차르인 표트르 1세는 러시아 역사상 가장 뛰어난 통치자이자 계획가로서 「표트르 대제」라 불린다. 그는 1703년 우선 스웨덴의 침략을 막고, 그리고 선진유럽 문화와 기술을 들여오려고 네바강 하구 습지에 상트페테르부르크를 건설하였다. 그는 아들 「알렉세이」 황태자가 구 귀족 편에 서서 이 도시의 개발을 반대하자 1718년 무자비하게 처형하는 한국판 영조 대왕과 사도세자가 되었다. 표트르 대제는 공사현장에서 오두막집을 짓고 직접 지휘하여 습지를 도시로 변화시키는 왕이 되었다. 상트페테르부르크는 네바강변 많은 운하에 30개가 넘는 다리를 놓아 섬을 연결함으로써 '제2의 암스테르담' 또는 '북유럽의 베네치아'라 일컬어지게 되었다. 반면에 건설과정에서 10여만 명이 사망하자 '뼈 위에 세워진 도시'란 악평도 들었다.

　상트페테르부르크는 전통적인 비잔틴양식에다 르네상스양식을 겹쳐 18세기 유행한 바로크양식까지 있는 **건축의 노천박물관**이 되었으며 1990년 도시 전체가 세계문화유산으로 등재되었다. 수도가 모스크바에서 이 도시로 천도하여 200년간(1713~1918) 지속되었다. 1924년 「레닌」이 죽자 그를 기념하여 도시 이름을 레닌그라드로 바꾸었고, 1991년 구소련의 해체와 더불어 다시 옛 이름 상트페테르부르크를 되찾았다. 2차 대전 때는 독일군의 봉쇄작전에 40만의 아사자를 내면서도 1941년부터 900일간의 그 유명한 항전 덕분에 '영웅의 도시'라는 닉네임이 붙여졌다.

　네프스키 대로가 시작되는 네바강 가에 이 도시의 상징인 성 이사악 대성당과 에르미타주미술관이 있고, 인접하여 카잔 성당이 있다. '이사악 대성당'은 신고전주의 양식의 러시아정교회 성당으로 황제들의 대관식이 있었다. 「예카테리나 2세」는 벼락을 맞아 불탄 이 성당을 1818년 재건하면서 황금 100kg을 사용하여 돔을 금빛으로 만들고, 내부 아름드리 청록색 대리석 기둥은 우랄산맥에서 가져오는 등 약 40년간에 걸쳐 완성하였다. 규모는 높이가 101m 수용인원은 1.4만으로 세계 3위의 대성당이다. 특히 지붕 위의 돔 전망대에 오르면 상트페테르부르크의 기하학적 계획도시의 아름다운 전경을 한눈에 볼 수 있다. 또 성당 북측에는 표트르 대제의 '청동 기마상'이, 남측에는 「니콜라이 1세」의 '기념 청동상'이 모두 뒷다리로만 균형을 잡고 서있는 묘기를 하고 있다.

겨울 궁전은 처음은 박물관을 포함하는 복합건물의 미술관인데 계속 확장하면서 본관만은 '겨울 궁전'으로 건축, 네바강을 따라 200m 벋어 있다. 당시는 로코코양식의 우아하고 아름다움을 대변하는 러시아 예술의 진수로서 축복 속에 건축되어 예카테리나 2세 여제 이후 8대 황제의 정궁이었다. 1917년 10월 혁명으로 마지막 황제 니콜라이 2세가 이곳에서 퇴위하여 러시아의 영광과 몰락을 함께한 궁전이다. 그 후 황제는 1918년 7월 예카테린부르크에서 발견되어 황후와 1남 4녀가 함께 혁명군에 총살되었다.

'에르미타주 국립박물관'은 미술관으로 확장된 후 전시실 1,057개에 소장된 작품 수가 「예카테리나 2세」 여제가 직접 수집한 4,000점을 포함하여 250만 점이나 된다. 특히 그중에는 레오나르도 다빈치, 미켈란젤로, 모네, 세잔, 고갱, 피카소 등의 거장들 명화도 소장되어 있다. 또 지붕 처마 위에 176개 조각상들은 군대의 사열을 보는 듯 눈길을 끈다. 카잔 성모상을 모셔놓은 '카잔 대성당'은 네프스키 대로의 역사적, 상징적 명소로서 빼어 닮은 모스크바의 바실리 성당보다 내 눈을 더 현혹하고 있다.

페테르고프라는 '여름 궁전'은 1709년 표트르 대제가 폴타바 전투에서 스웨덴과 전쟁에서 승리한 기념으로 북쪽 30km 떨어진 핀란드만에 건설하였는데 바로크양식의 현란한 건축물이다. 그러나 제2차대전에서 독일에 의해 파괴되었던 궁전을 복원하면서 분수 쇼가 있는 정원을 추가하여 일명 '분수의 궁전'이 되었다. 그래서 궁전 정면이 300m이고 7개의 작은 정원과 144개 분수, 황금으로 치장된 265개의 조각 등 이 여름 궁전이 너무 아름답고 화려하여 러시아의 '베르사유 궁전'으로 일컬어진다.

66 성 이사악 대성당

스페인
: 마드리드

　우리들은 목적지 스페인에 밤중에 도착하였다. 유럽 최남단의 설산(雪山) 시에라 네바다(최고봉 물아센 3,481m)산맥이 남쪽 멀리서 감싸고, 올리브 향기가 가득한 메세타고원의 중앙에 위치한 마드리드공항에 내렸다. 이곳에서는 손꼽아 기다린 겨울비가 내리는 아침이었다. 신대륙을 발견한 콜럼버스, 20세기 입체파 미술가 피카소, 소설가 세르반테스를 만나러 한국의 길동이 이곳에 왔노라고 외쳐보았다! 에스파냐는 8세기 초부터 이슬람족의 일파인 무어(Moor)인에 의해 정복된 후 1492년 「이사벨라 1세」 여왕이 마지막 술탄세력인 그라나다 왕국을 몰아내었다. '레콩키스타', 즉 국토회복 운동을 성공함으로써 에스파냐인의 통일왕국을 재건하였다. 그 후 콜럼버스에 이어 탐험과 정복을 통하여 해외를 포함하여 대제국을 건설하였으나 17세기부터 영국에 밀려 세력이 약화되고 있었다. 에스파냐는 면적은 약 50만km²로 한반도의 2.3배이고, 인구는 4,700만으로 남한의 인구와 비슷하다. 1인당 국민소득은 26,000달러이나 1990년 이후 경제가 하강하고 있다. 이것은 올림픽과 엑스포의 무리한 개최와 강성노조 활동의 부작용으로 실업자가 넘쳐난다고 한다.

마드리드는 스페인의 수도로서 이베리아반도의 지리적 중앙에 위치하고, 해발고도 635m의 고원으로 연 강수량 420mm로 아주 적어서 연중 따가운 햇볕이 내리쬐는 '태양의 나라'로 알려져 있다. 「펠리페 2세」는 광대한 해외 식민지를 거느리게 되자 통일국가의 수도를 톨레도에서 마드리드로 옮겨옴으로써 문화유적이 많은 고대도시가 되었다.

'스페인 왕궁'은 9세기 이슬람의 알카사르성 위에 세워진 고전주의 바로크양식으로 사방 150m 넓이에 3,000개의 방을 가진 기념비적인 역사적 건물이다. '프라도미술관'은 15세기 이후 스페인 왕실에서 수집한 그림 5,000개 판화 2,000개 이상 소장한 유럽 3대 미술관의 하나이다. 이곳에는 17세기 궁정화가 「벨라스케스」의 명작 〈시녀들〉, 현대 미술로 길을 연 「고야」의 최고걸작 〈집시의 여인〉 등이 전시되어 있다. '스페인 광장'에는 소설가 세르반테스(1547~1616)와 그의 꼬붕 「산초」 동상이 있는데 일행 조용진 교장과 나는 그들과 악수를 하고, 가까이 있는 '마요르 광장'으로 갔다. 왕가의 결혼예식장, 행위예술 공연장, 벼룩시장 등으로 사용되고 있으며 광장의 이름을 지어준 「펠리페 3세」의 동상이 광장을 지키고 있다. 마드리드 배꼽에 위치한 태양의 문이라는 '솔 광장'은 산딸기를 따먹는 곰돌이 동상 마드료뇨가 있으며 또 마임공연으로 유명하고, 젊은이의 약속장소와 시민의 휴식공간으로 사랑받는 곳이다.

톨레도는 마드리드 남서 67km 거리에 위치한 가톨릭, 아랍, 유대 등의 찬란한 문화가 하나로 융합된 고대도시이고 옛 수도로서 도시 전체가 세계문화유산으로 지정되었다. 광장에서 꼬마 기차 '소코트렌'을 타고 톨레도를 한 바퀴 돌고 나니 중세시대에 와서 시간을 멈춘 것 같은 느낌이 들었다. '톨레도 대성당'은 유럽에서 가장 뛰어난 고딕양식이고 정면 중앙에는 용서의 문이, 우측은 심판의 문이, 좌측은 지옥의 문이 있다. 성당 천장화에서 「엘 그레코」의 천재성이 묻어나는 그림을 볼 수 있고, 고야, 반다이크, 벨라스케스 등의 작품도 전시되어 있다.

라만차지방에는 세르반테스가 쓴 소설의 주인공 돈키호테가 살았던 풍차의 마을 콘수에그라가 있다. 「세르반테스」가 머물면서 집필한 여인숙은 차와 기념품이 불티나게 팔리고, 농가 건물의 입구에 창을 들고 서있는 돈키호테상은 이곳에서만 진정으로 우스꽝스럽고 해학적으로 보이는 것일까? 1605년 소설발표 전부터 곡식을 빻기 위한 풍차 11개가 오늘도 관광객을 보면서 열심히 돌아간다. 《돈키호테》는 서양에서는 성경 다음으로 많이 읽힌 책이 된 것이 이 풍차의 힘인가 보다! 나는 '지혜의 왕자'라는 별명을 가진 세르반테스의 많은 명언을 상기해 보았다. "로마는 하루아침에 이루어지지 않았다", "빵

만 있으면 대개 슬픔은 견딜 수 있다"는 등등.

67-1 세르반테스와 산초 / 67-2 콘수에그라 풍차

안달루시아1
: 세비야

　스페인의 남부 안달루시아지방은 7월 최고기온이 36.2°C인데 대구보다 6°C 바르셀로나보다 9°C 높다. 강한 태양열을 좋아하고 습기를 싫어하는 올리브가 초록의 바다를 이루는 이베리아반도에서 가장 좋은 농업지역이다. 이곳 안달루시아지방은 전통적으로 올리브, 포도, 귤을 많이 재배하였으나 최근 겨울철 남쪽의 따뜻한 기후를 이용하여 채소를 재배하여 유럽 각국에 수출한다. 이 지방의 서쪽에는 코르도바와 세비야, 동남쪽에는 그라나다, 론다, 말라가 등의 역사적인 고도가 있다.

　코르도바(33만)는 안달루시아 북부에 있는 로마시대 주도로서 중세도시 모습이 잘 보존되고, 초기 이슬람세력이 이베리아반도를 지배할 때 수도이고, 선진 이슬람문화를 전파한 곳이다. 이곳 알카사르성의 '메스키타'는 모스크 겸 성당이다. 그래서 사원 내부에는 이슬람풍의 벽면문양과 가톨릭 풍의 천장벽화가 있다. 또 이슬람 풍 아치기둥에 둘러싸여 예수가 모셔지는 기묘한 동거, 즉 한 지붕 두 가족으로 코르도바의 '산타마리아 성당'이면서 스페인의 현존하는 '모스크'이다. 이 사원의 입구에는 과달키비르강을 가로지르는 '로마다리'가 로마시대부터 있었는데 이 사원과 이 다리가 조합된 사진은 코르도바의 상징이 되고 있다.

세비야(80만)는 안달루시아 문화중심지로 시작하여 한때 에스파냐의 신대륙 정복의 총사령부 역할을 한 지역으로 이사벨라 2세 여왕이 「콜럼버스」로부터 출정신고를 받은 도시이다. 과달키비르강은 시에라 로메나산과 시에라 네바다산(최고봉 물라센 3,478m)의 설산에서 눈 녹은 물이 코르도바를 거쳐 세비야를 지나서 대서양에 흘러감으로써 큰 범선이 다닐 만큼 수량이 많다. 그래서 세비야는 대서양에서 87km나 멀리 내륙에 있는 하항도시이나 '해외 정복의 기지'로서 부족함이 없었다.

세비야 알카사르는 스페인에 남아 있는 알카사르성 중 가장 원형에 가깝고 10세기 건설되어 무슬림 총독의 관저로 사용하였다. 성채 내 '돈 페드로 궁전'의 기하학적 문양은 그 디테일한 세공기법이 기계가 따라 할 수 없을 정도로 영혼을 담은 듯 정교하여 감격적이다. '세비야 대성당'은 1402년부터 1세기에 걸쳐 이슬람 사원을 파게한 곳에 건축하였는데 고딕식 + 이슬람식 + 르네상스식이 조화를 이루는 유럽에서 3번째로 큰 성당이다. 중앙에는 신대륙에서 약탈한 황금 20톤으로 만든 '예수 일대기의 황금 재단'과 황금 1.5톤을 사용하여 만든 '성모마리아 품에 안긴 예수상'도 있다.

남문 입구에 있는 **콜럼버스 관**을 당시 스페인 소왕국 4명의 왕이 관을 메고 있어서 관이 공중에 떠있다. 그중 고개를 들고 웃고 있는 앞의 두 왕의 발을 만지면 왼쪽 발은 부자가 되고, 오른쪽 발은 연인을 다시 찾게 된다는 속설이 있다. 이탈리아의 제노바 출신인 콜럼버스(1451~1506)는 후원자 이사벨 여왕의 사후에 버림받고 감옥까지 가게 되자 죽어서는 스페인 땅을 밟지 않고 신대륙에 묻힐 것을 염원하였다. 그래서 사후 1542년 신대륙 도미니카 수도 산토도밍고로 이장하였고, 다시 '스페인을 부강하게 만든 영웅'으로 재인정하여 이 성당에 모셔와서 안치하였다.

'세비야 스페인 광장'은 건축가 「곤잘레스」가 설계한 반달 모양의 이슬람식 + 고딕식 건물로 세비야의 둘째 명소이다. 건물의 정면 벽에는 스페인 50개 도시를 상징하는 그림을 이슬람식 벽화 타일문양으로 그려놓았다. 과달키비르강 가의 '12각형 황금탑'은 신대륙에서 가져온 황금을 보관하여 붙여진 이름이라 하나 지금은 마젤란이 5척의 배와 270명의 선원을 이끌고 세계 일주를 떠난 곳을 기념하여 해양박물관으로 변경하였다.

세비야는 집시의 춤 '플라멩코'의 본고장이자 오페라 〈카르멘〉 무대로 스페인 특유의 열정과 예술혼이 살아 있는 곳이다. 또 이곳 축제의 개성 넘치는 분장과 가장행렬은 남미로 건너간 축제의 원조이고, 고풍스러운 건축물과 화려한 분위기, 역동적인 정취도 함께 느낄 수 있다. "세비야를 모르면 이 세상의 멋을 모른다"는 말을 새겨 봄 직하다.

68-1 돈 페드로 궁전 / 68-2 콜럼버스 관

안달루시아 2
: 그라나다

안달루시아 남부지방은 8~15세기 늦게까지 이슬람의 저항으로 좀 더 긴 세월 동안 고난을 겪은 지방으로 이슬람문화의 원형을 포함하여 다양한 역사가 혼재해 있는 고장이다. 또 스페인에서 제일 향락적·라틴적이라서 가장 스페인다운 곳이고, 인구가 많은 지방이나 반면 소득수준은 하위이다.

그라나다(24만)는 1230년 세운 이슬람 왕국의 최후까지 수도인데 1478년 이사벨 여왕이 멸망시킴으로써 레콩키스타, 즉 스페인 재통일의 완결이었다. 이곳은 500년 이슬람문화의 잔영이 많은 곳으로 남겨둔 '알함브라 궁전'은 이사벨 여왕도 너무 아름다워 파괴하지 못했다고 한다. 이 궁전은 '무어인 예술의 극치로서 에메랄드 속의 진주'라며 그들 시인이 북부 아프리카로 물러나면서 한 말이다. 알함브라는 성곽과 궁전의 복합단지로서 천장은 햇빛과 바람이 자유롭게 유통하고 파란, 빨강, 노란색이 잘 어울려 시간과 빛의 노출 정도에 따라 색이 달라진다. 외부 정원에는 물이 흘러드는 수로와 저수욕조가 잘 꾸며져 있다. 표현에는 석류를 모티브로 한 상징물이 많은데 그것은 석류가 스페인 말로 '그라나다'이기 때문이다. 1821년 지진으로 파괴된 후 「페르난도 7세」는 다시 이슬람의 무어인양식으로 복구하여서 그 넉넉한 아량에는 깊은 고뇌가 있었을 것이다.

론다(3.5만)는 안달루시아지방의 작은 도시이다. 도시기반이 과달레빈강의 엘타오 협곡을 사이에 두고 양측 고지(해발 780m)에 2개 마을이 전개된다. 즉 절벽 위의 두 마을을 높이 120m의 까마득한 '누에보다리'가 한 마을로 연결하고 있다. 1793년 준공한 이 다리는 전 세계의 사진작가들이 선호하는 장소이다. 또 스페인의 투우 발상지로서 1785년 신고전주의 건축양식으로 스페인 최초로 건설된 '론다 투우장'은 지름 66m이고 수용인원 6,000명인데 현재는 투우박물관으로 사용한다. 그 앞에는 근대투우의 창시자 「로메로」 동상이 있는데 그는 빨간 망토를 고안, 투우를 예술로 승화시켰다는 평가를 받는다.

미국 시카고 출신인 「헤밍웨이(1899~1961)」가 에스파냐 내전 때 특파원으로 참가한 인연으로 그가 그토록 사랑했던 론다에서 말년을 보내면서 투우를 즐겨 관람하고 투우를 다룬 소설 《오후의 죽음》, 내전을 다룬 소설 《누구를 위하여 종을 울리나》 등을 집필하였다. 그 후

《노인과 바다》로 퓰리처상과 노벨문학상을 받은 대문호이나 말년에 우울증에 걸려 엽총으로 생을 마감했다. 당시 헤밍웨이는 이곳 론다에서 18년 연상의 「피카소」와 교유하였다. 그는 피카소의 화려한 여성 편력을 보고 "당신의 샘솟듯 솟구치는 정력의 비결은 무엇인가?" 물으니 "그것은 투우의 거시기를 많이 먹은 탓이요" 하고 피카소는 껄껄 웃었다고 한다. 당시 투우의 거시기는 식당에서 실제로 고가의 음식이었다. 참고로 매춘부는 물론 미성년자와 귀부인을 가리지 않고 애정행각을 펼친 피카소의 여성 편력은 예술가라는 명성에 녹아버린 것인가? 아니면 면죄부를 받은 것인가? 이해가 난망이다.

말라가(56만)는 천혜의 자원 '태양과 해변'이 있어 부유한 북서유럽인이 별장 또는 레저로서 찾는 해양도시이다. 이곳은 피카소(1881~1973)가 태어나고, 그가 뛰놀던 메르세드 광장이 있고 광장 모서리에 지금은 피카소박물관으로 조성되어 있는 자리에 생가도 있었다. 그 후 바르셀로나에서는 그는 화가, 조각가, 시인이었다. 화가로서 "창조의 모든 행위는 파괴에서 시작된다"라고 하면서 대표작 게르니카, 아비뇽의 처녀들, 초혼 등 13,500점의 그림과 700점의 조각품을 남겼다. 그는 프랑스 파리로 이주하여 우울한 청색시대를 거쳐 20세기를 대표하는 입체파 미술가의 거장이 되었다.

미하스는 지중해가 바라보이는 동화 같은 마을로서 평균 고도 400m에 이르는 산 중턱에 위치하나 옛날에는 어촌이었다. 미하스는 백색의 건물과 주황색 지붕이 인상적이고, 창가에 새하얗고 붉은 예쁜 꽃들의 장식은 미하스 매력의 아이콘이다. 특히 광장에는 당나귀

동상도 있고 당나귀 택시도 있어서 마차나 말처럼 타고 마을을 돌아볼 수 있다.

69 알함브라 궁전의 정원

70

카탈루냐
: 바르셀로나

에스파냐와 프랑스 연합 무적함대가 영국 넬슨 제독에 패하기 전의 세계 해상강국은 스페인이었고, 이 강국의 중요한 항구도시의 하나가 지중해에 면한 바르셀로나이다. 1492년 콜럼버스가 6명의 인디오와 금제품, 식물(옥수수, 땅콩, 고추, 담배), 새(앵무새, 칠면조) 등의 특산품을 가지고 귀환했을 때 이사벨 여왕이 맨발로 나와서 맞이한 항구도시도 바르셀로나이다. 이곳에는 콜럼버스가 신대륙을 가리키는 동상과 기념탑이 있다.

오늘날 바르셀로나를 대표하는 세 사람 「콜럼버스」, 「가우디」, 「피카소」가 있다. 만약 이들이 없었다면 바르셀로나도 그저 평범한 스페인의 지방도시에 불과했을 것이다. 바르셀로나는 카탈루냐지방의 주도이고 인구 550만(2015년)의 스페인 제2의 도시이다. 1992년 올림픽을 개최한 도시인데 대회 기간 내내 바르셀로나 주경기장과 공공시설에는 스페인 국기가 아닌 '카탈루냐 기'가 휘날렸다. 이와 같이 카탈루냐는 스페인으로부터 독립하고자 하는 강한 지역감정을 가지고 있다.

'성 가족 대성당'은 바르셀로나 하늘에 찰옥수수 모양의 큰 뾰족탑 4개가(현재 18개) 우뚝 솟아 있는데 가우디가 설계하고 건축한 **사그라다 파밀리아 대성당**이다. 1882년 시작하여 현재도 138년째(2019) 공사 중이고, 2026년 가우디 사망 100주년에 맞추어 준공 예정이다. 안토니 가우디(1852~1926) 인기는 스페인은 물론 유럽 문화의 정수로서 글로벌시대에 지구촌을 달구고 있다. 그는 31세에 이 공사를 맡아서 죽는 날까지 남은 인생 43년을 모두 바쳤다. 마지막 10년 동안은 작업실을 현장으로 옮겨 인부들과 함께 숙식을 하면서 성당건축에 몰입하였다. 이젠 90여 년 전에 죽은 저승의 가우디가 지금 이승의 바르셀로나 인구 100만을 먹여 살리고 있다. 세계경제포럼에서 스페인 관광경쟁력 평가 세계 1위로 선정한 것도 이러한 맥락이 아닐까? 놀랍게도 천재 건축가 가우디 작품은 한 예술가의 혼이 투영되어 모방이 불가능한 독창적인 예술품으로 '20세기 천재 건축가'에서 반대로 '정신착란의 건축가'라는 극과 극의 평가를 받고 있다. 그래서 대표작 사그라다 파밀리아 성당은 '인간이 만든 최고의 조형물이고', '신이 머물 지상의 유일한 공간'이라는 평을 받았다.
까사밀라는 그라시아 거리에 있는 가우디가 설계한 '아파트'인데 물결치는 외벽만큼이나 독특하고, 전체는 하나의 돌로 이루어진 듯 생김새 때문에 채석장 같은 느낌이다. 옥상은 세상에서 가장 아름다운 어느 우주공간에 불시착한 것 같은 경관, 즉 가우디의 미학이 드러나는 곳이다. 까사바트요는 지중해가 테마로서 바다의 이미지가 넘치는 '상가건물'로서 어항 속의 물고기가 세상을 보듯 방금 서있었던 거리가 낯설어 보여서 바닷속을 유영하는 분위기이다.

구엘 공원은 구엘 백작이 가우디의 든든한 경제적 후원자로서 도시와 자연을 꿈꾸며 가우디에 설계를 의뢰하였다. '구엘 공원'은 동화 같은 건축물과 자연미를 살린 석굴, 특이한 양식의 조형물로서 개성 넘치는 모자이크 등이 감상 포인트이고, 도시의 전경을 내려다볼 수 있는 언덕에 위치하여 가우디를 추억할 수 있는 바르셀로나 최고의 장소이다.

몬세라트 수도원은 바르셀로나에서 북서쪽 74km 떨어져 있는 같은 카탈루냐지방인데 역대 교황이 방문하는 수도원이고, 기독교의 4대 성지의 하나이다. '공을 가진 검은 성모마리아상'을 보러 가는 순례객이 세계에서 연간 300만 명이고, 공을 만지며 기도하면 소원을 들어준다고 믿는다. 수도원은 '톱니 같은 봉우리'란 뜻의 몬세라트산 (해발 1,230m)의 기암절벽에 위치하여 주로 날렵한 산악 트랩이나 케이블카를 이용해서 올라간다.

제25회 스페인 올림픽이 바르셀로나에서 열렸을 때 한국인이란 게 그렇게도 자랑스러웠던 이곳 몬주익 언덕, 우리나라의 「황영조」 선수가 일본 선수 「모리시타」를 막판에 따돌리고 마라톤에서 감격의 금메

달을 대한민국에 안겨준 곳이다. 1988년 서울 올림픽을 후원한 「사마란치」 IOC 위원장의 출신지이기도 하다. 아아 바르셀로나여 영원하라!

70-1 성 가족 대성당 / 70-2 까사밀라

71

포르투갈

이곳은 땅끝마을 남해의 해남이 아닌 유럽 서쪽 끝 마을 포르투갈의 까보다로까(호카 곶)이다. 아아 물안개 속으로 보이는 옥빛 바다가 대서양이 아닌가? 내 머리를 상큼하게 비워주는 바닷바람이 불어오고 있다. 그들은 이러한 순백의 대서양을 건너면서 남미의 찬란한 인디오문화를 괴멸시킬 생각만을 하였는가? 다시는 악마의 사도가 아닌 평화의 사도가 다니는 대서양이 되기를 기도하면서 땅끝마을 호카 곶을 떠나노라!

포르투갈은 15세기 지리상 발견시대 항해 왕 「엔리케 왕자」는 맞바람에도 앞으로 나아갈 수 있는 '캐러벨 선' 개발 등 세계사에 있어서 대항해시대를 연 인물이다. 「주앙 2세」는 「바르톨로뮤 디아스」를 지원하여 희망봉을 개척하였다. 이어서 「카브랄」이 브라질을 발견하고, 1530년 「주앙 3세」의 브라질 식민지화의 성공으로 유럽국가 중에서 대양항해의 강국이 되었다. 그들은 스페인과 함께 위대한 모험가와 탐험가에서 정복자와 약탈자로 변하여 남아메리카, 아시아, 아프리카에 걸쳐 식민지를 건설하여 약 500년간 세계제국이 되었다. 그러나 브라질(1821), 모잠비크와 앙골라(1975), 마카오(1999), 동티모르(2002) 등 식민지가 차례로 독립을 하였다.

이베리아반도에서는 이슬람세력이 약화되면서 1139년 포르투갈 왕국이 성립되었으며 1640년 이베리아 연합으로부터 독립하였고, 1910년 공화국이 되었다. 포르투갈은 면적 9.2만km², 인구 약 1,000만으로 비교적 작은 나라이다. 그러나 국민소득이 1인당 23,000달러로 세계 40위이고, 삶의 질에서 세계 19위로 가장 세계화되고 평화로운 나라에 속한다.

리스본은 「바스쿠 다 가마」가 탐험대를 조직하여 3회(1497, 1502, 1524)에 걸쳐 인도항로를 발견함으로써 15~17세기 동안 세계가 주목하는 중심도시가 되었다. 리스본은 대서양에서 타구스(태주)강의 좁은 하구를 들어오면 7개의 언덕을 기반으로 해서 넓은 해만을 품고 있는 요새의 항구이다. 리스본은 에스파냐의 세비야와 함께 해외 식민지 개척의 베이스캠프이었다. 1755년 대지진 때 파괴된 것을 주제 1세가 임명한 「폼발」 재상이 현재의 도시구조로 복원하였다.

리스본 서편 벨렝 지역은 세계문화유산인 제로니무스 수도원과 벨렝탑 등 2점이 있다. '제로니무스 수도원'은 처음 왕실묘지를 건축하는 것이 목적이었으나 그 후 바스쿠 다 가마의 인도에서 귀환을 기념하기 위한 목적으로 바꾸었다. 이 수도원은 당시 통치자 「마누엘 1세」의 이름을 딴 마누엘양식으로 외부에서는 파란 하늘에 하얀 건물이 잘 어울리고, 내부에서는 어마어마한 조각들에 감탄한다. 특히 십자가에 못 박힌 예수님의 모습을 리얼하게 조각하였다. '벨렝탑'은 태주강의 귀부인이라는 애칭을 가지고 있으나 처음은 선박출입을 감시하였고 현재는 박물관이다. 또 1960년, 해양시대를 연 엔리케 왕자 사망 500년을 기념하여 바로 옆에 범선 모양의 '발견의 탑'을 건축하였다. 뱃머리에 엔리케 왕자, 바스쿠 다 가마, 마젤란, 마누엘 1세 등 30명이 조각되어 지난날 영광을 되찾는 듯하다. 이곳에서 리스본의 상징인 노란 트램을 타고 해안대로를 따라 동으로 가면 4.25 다리를 지나서 타구스강 변에 확 트인 리스본 최대의 크메르시우 광장을 만난다.

리스본 중앙에 있는 호시우 광장은 13세기부터 정부의 공식행사와 종교재판도 이루어지는 구시가지의 중심이다. 광장에는 페드루 4세의 동상이 있는데 그는 독립 브라질의 첫 황제이다. 그 남측 크메르시우 광장까지 약 1km의 아우구스타 거리는 최대의 문화 쇼핑거리(CBD)이다. 이곳은 과거 마누엘 1세의 리베이라 궁전이 위치하여 별칭 '궁전 광장'으로 주제 1세 동상과 주요관청도 있다. 또 동쪽 언덕에는 로마시대의 요새로써 왕궁 또는 감옥으로 사용된 상 조르제 성이 있다. 더 동쪽에는 유럽 2번째로 큰 리스본 해양수족관과 바스쿠 다 가마의 타워(145m)와 다리가 있다. 특히 이 다리는 타구스강,

즉 천연의 양항을 가로지르는 사장교(17.2km)를 1998년 건설하였는데 유럽에서 가장 긴 '바스쿠 다 가마다리'로 포르투갈의 발전을 열망하는 듯하다.

71-1 제로니무스 수도원 / 71-2 벨렝탑

72

모로코 1
: 페스

한국의 길동이 지브롤터 해협에 서다. 눈앞을 가로막고 서있는 긴 산이 바로 바다 건너 아프리카란 말인가? 소리치면 메아리가 되돌아 올 듯한 13km, 도대체 2개의 대륙이 이렇게 가까울 수 있는가? 태종대에서 대마도는 50km, 긴가민가 눈 비벼야 보이는 대마도의 산 그림자! 아 감격스럽도다. 이 지브롤터 오른쪽은 차고 푸른 대서양, 왼쪽은 덥고 덜 푸른 지중해 그 깊이 300m에서 대립만 하고 있는 것인가?

지중해는 동서길이 4,000km 남북길이 평균 800km이고, 최고 깊이 4,900m이다. 지중해로 흘러드는 하천들은 증발로 손실되는 양의 1/3만 보충하여 그 결과 2/3는 대서양에서 찬 심층수가 지중해로 유입된다. 지중해는 2018년까지 아프리카에서 유럽으로 건너다 1만 8천 명이 수장, 죽음의 바다가 되었고, 7만 5천 명은 요행이 성공하였으나 유럽의 파라다이스가 아닌 시실리섬 등에서 기약 없는 '닭장생활'이 기다리고 있다. 과연 나는 천사의 요람 유럽에서 악마의 땅 아프리카로 가고 있는가? 2016년 11월 23일 정오 스페인의 타리파에서 해협을 건너 아프리카 모로코의 탕헤르에 나는 거보를 내려놓았다.

　멀리 보이는 아틀라스산맥은 풍성하고 그 남쪽 건조한 사하라 사막은 궁금하기만 하다. 탕헤르는 고대 페니키아의 무역거점이고 17세기까지 영국의 지배를 받다가 모로코에 반환되었다. 도심에 '1947년 4월 9일 광장'이 있는데 「모하마드 5세」가 이날 이곳에서 최초로 모로코 독립선언 한 것을 기념하여 명명하였다. 가이드는 곧 「이븐 바투타(1304~1368)」라는 명패가 있는 외벽이 파란(쪽빛) 집으로 우리를 안내하였다. 역사상 가장 위대한 여행가이고, 《동방견문록》을 저술한 「마르코 폴로」보다 더 많은 나라 중국, 인도, 러시아, 아프리카 남부를 25년 동안 여행한 이븐 바투타의 생가이다. 그의 출생지가 탕헤르가 아닌 메카나 메디나쯤으로 알고 있던 나의 천박한 지식이 부끄러울 뿐이다. 탕헤르 이웃 아실라는 세계 아티스트가 한데 모여 벽화를 그렸기에 모로코의 '예술의 도시'라 일컬어진다. 그래서 지중해 바닷가의 눈부시는 벽화마을 아실라가 탄생하였고, 개성 넘치는 벽화가 많아 관광객들은 골목을 누비는 재미가 쏠쏠하다.

　우리는 개선장군같이 모로코의 고속도로를 달려 고도 페스에 도착하였다. 페스는 AD 810년 이드리스 왕조의 첫 수도가 된 후 1,200

년 동안 이슬람 중세도시의 원형을 보여주고 정취를 그대로 간직하고 있어 1981년 세계문화유산으로 등재되었다. 현재 페스는 인구 약 100만으로 모로코의 정신적, 종교적 수도로서 이슬람 사원, 신학교, 왕궁 등이 잘 보존되어 있다. 왕궁의 정문은 밖에는 파란색(페스 상징), 안에는 초록색(이슬람 상징)의 타일로 이슬람식 문양이 현란하게 부조되어 있다. 그러나 구시가지 메디나(둘레 18km)를 특별하게 만드는 것은 세계 최대 **미로** 골목길인데 페스의 상징 아이콘이다. 이곳 다양한 형태의 8대문과 소문들 안에 9,000개의 미로가 총 길이 300km가 된다. 이 미로는 좁고 구불구불하고 비탈길이 뒤얽혀 차는 못 다니고 가죽제품을 실은 당나귀만 다닐 수 있다. 미로는 그 옛날 서울 봉천동의 달동네길과 대구 비산동의 비좁은 골목길이 아닌가? 내가 중학교에 다니면서 꿈을 키우던 길, 아아 정겹도다!

무엇보다 페스의 상징일 뿐만 아니라 모로코의 상징이라 할 수 있는 가죽염색공장의 전통공정, 즉 '테러니'를 볼 수 있다. 이 공장은 온통 염색물 천지가 되어 우리는 옆집 상가의 베란다에 올라가서 내려다보았다. 테러니 내 수십 개 '팔레트(가마)'에는 형형색색 염색 물감이 가득하다. 인부들은 어제오늘의 일이 아니라는 듯 가죽이 든 가마에 비둘기 똥과 소의 오줌을 넣어서 맨 종아리로 열심히 밟으니 냄새가 코를 찌른다. 그렇게 열악한 일에도 하루 일당이 10달러가 채 안 된다고 한다. 과거 1,000년을 이어온 '말렘'이라는 장인의 손에 의해서 털을 벗기고, 무두질과 염색까지 과정은 어제도 오늘도 변함없이 중세시대 방식으로 세계 최고로 꼽히는 페스의 가죽을 생산하고 있다. 나는 그들의 손맛이 흠뻑 배인 가방 하나를 구입하였다.

72-1 페스 왕궁 / 72-2 가죽제품

73

모로코 2
: 카사블랑카

모로코 최초의 통일왕조는 시리아의 시아파 일부가 수니파의 박해를 피해 이드리스의 인솔 아래 모로코로 피난하여 AD 788년 이드리스 왕조를 세워 토착민을 지배했다. 그 후는 반대로 1515년부터 포르투갈, 스페인, 영국, 프랑스 등의 지배를 받았다. 1956년 「모하메드 5세」 국왕은 프랑스로부터 모로코의 독립을 달성하였다. 현재는 「모하메드 6세」 통치하에 인구는 3,300만, 1인당 국민소득은 3,100달러의 가난한 나라이나 모로코는 '현재의 땅이 아니라 미래의 땅'으로 자부심을 가지고 있다.

아틀라스산맥은 모로코, 알제리, 튀니지 등 3국에 걸쳐 있으며 대체로 동북에서 남서로 2,400km 뻗어 있고 평균 고도는 3,300m로 고원이 많고, 최고봉 투브칼산(4,165m)이 있다. 이 산맥에서 차가운 북부기단과 남부 열대기단이 만나서 대서양 쪽 북사면에 많은 비를 내려서 밀, 보리, 땅콩, 오렌지 등의 농경이 가능하다. 그래서 이 나라 대부분의 도시와 인구가 아틀라스산맥 북록에 집중되어 있다. 특히 신의 어깨라는 우케미단 정상(3,257m)은 새하얀 눈 모자를 쓰고 있는데 모로코 현지인에게 인기 있는 스키장이 있고, 높은 산비탈까지 베르베르족이 살고 있다.

'베르베르족'은 유목민이면서도 병행하여 눈 녹은 물로 농사를 지으면서 흙벽돌로 만든 전통가옥에 살고 있다. 그러나 그 기원을 알수 없는 신비한 종족이나 인종적으로 아랍계 백인임이 분명하고, 비교적 자기의 언어와 신앙을 가지고 문화적으로는 아랍화 되었다. 베르베르족은 북부 아프리카 토착민 내지는 원주민으로 동서로 이집트에서 대서양까지 남북으로 지중해에서 사하라 사막의 경계 니제르강까지 거주한다. 베르베르 총인구 2,500만 중 1,200만이 모로코에, 900만이 알제리에 거주하고 유명인으로서 중세 서양 철학자 「성 아우구스티누스」, 축구선수 「지네딘 지단」이 있다.

카사블랑카는 불어로 '하얀도시'라는 뜻으로 3,000년이라는 오랜 세월 동안 로마, 이슬람, 유럽 등 외세에 시달려 온 왠지 모르게 낭만과 애잔함이 깃든 이름이다. 이것은 베르베르족이 사막의 대상을 위하여 만든 성채(카스바)의 전통마을 붉은색, 북부 셰프샤우엔마을의 파란색(유대인의 아이콘)과 하얀도시가 대조된다. 카사블랑카는 모로코의 공업생산의 90%가 집중되어 이 나라에서 제일 큰 도시

로 성장하였다. 그래서 경제와 상업수도가 카사블랑카이라면 라바트
는 정치적인 수도이다. 카사블랑카에서 하나만 보라면 바닷가 언덕
에 있는 '핫산 2세 대 모스크'이다. 실내 2만, 실외 8만 명을 수용하
는데 메카의 알하람 모스크, 메디나의 예언자 모스크에 이어 세계 3
위의 큰 이슬람 사원이다. 이 모스크 내 미너렛(Minaret)탑도 높이
가 210m로 모스크 사원 중 세계 제일 높다.

오늘날 카사블랑카는 여름이면 북아프리카의 눈부신 햇빛이 내리
쬐고 짙푸른 바다를 보러 밀려드는 관광객들로 발 디딜 틈 없는 유
명한 휴양도시로서 아프리카의 유럽이다. 이들은 영화 〈카사블랑카
〉에서 "당신 눈동자에 건배를"「험프리 보가트」와 「잉그리드 버그먼」
이 잔을 부딪치며 속삭였던 말, 영화사상 가장 유명하고 긴 이별의
장면을 연출한 분위기와 그 느낌을 그대로 재현해 놓은 이곳 '릭스
카페(Rick's Cafe)'를 찾아 기꺼이 비싼 값을 지불하고 카사블랑카의
여운을 강하게 느끼고 돌아간다.

라바트는 2세기경 로마의 식민도시 살라이었고, 17세기 스페인에
서 쫓겨난 안달루시아 무어인의 본거지이다. 1925년 프랑스 보호령
때 페스에서 이곳으로 천도하여 수도가 되었다. 라바트는 유럽풍과
아랍풍이 조화를 이루는 신시가지에는 호화로운 왕궁, 정부청사, 외
국공관 등과 교외에는 국왕 '모하메드 5세 영묘와 핫산탑'이 주요 볼
거리이다.

이곳 모로코 관광의 하이라이트는 아틀라스 남쪽 사하라 사막의
끝자락에서 낙타를 타고 가면 시시각각 변하는 붉은 모래언덕 둔

(Dune)에는 일몰과 일출이 연출하는 장엄한 시네마가 기다리고 있고 또 오아시스 밤하늘의 찬란한 별빛들과 친해질 수 있는 기회도 있었으나 아쉽지만 일정상 발길을 돌린 것이다. 우리는 이 나라의 전통음식 '꾸스꾸스(파스타 일종)'와 '따진(고기 조림)'을 먹고 아프리카의 붉은 보석 모로코를 떠나노라!

73 카사블랑카 하얀도시

74

케냐1
: 인류의 고향

케냐는 지구의 도랑인 동아프리카 대지구대(Great Rift)가 지나고 있다. 요르단으로부터 홍해, 투르카나호, 나이바샤호, 마가디호(이상 케냐), 니아사호(탄자니아)를 거쳐 모잠비크까지 7,000km에 이르는 '세계 최대 열곡대'이다. 이 지구대는 단층계곡 화산대로서 신생대 제3기 마이오세(600만 년 전)에 시작하여 약 370만 년 동안 활동하여 계곡의 평균 넓이 48~64km이고, 계곡 내 호수는 수면이 해수면보다 낮은 곳이 많다. 단층계곡은 1,000m가 넘는 단일 곡벽 또는 계단단층을 형성하고, 특히 마우단애는 2,700m나 된다. 세계 최대의 화산활동으로 형성된 킬리만자로산(5,895m)과 케냐산(5,199m)은 휴화산이다. 수도 나이로비(1,700m)의 북부 시원한 언덕 위에 앉아서 단층계곡 안을 내려다보면 한라산 백록담과 같은 화구호에서 연기를 뿜는 활화산을 볼 수 있으며 곡저의 바닥은 적도직하의 저지로서 모두가 타버린 '죽음의 계곡(Death Valley)'이다. 이것이 인류의 기원지가 된 천혜의 기후조건이 아닌가? 층애를 연중 오르내리면서 인간생존에 최적온도의 절벽을 찾아 굴을 파고 살면 그만이다.

1974년 에티오피아 하다르 계곡에서 「도널드 조핸슨」 박사가 300만 년 전 최초의 여성 인류화석 '루시'를, 2009년 케냐의 고대 유적지 쿠비포라에서는 「리키」 교수가 차례로 발견하였다. 인류는 지구가 홍적세(258만~1.2만 년 전) 4번의 빙기 동안 얼어붙은 북반구에서 절멸하고, 따뜻한 아프리카에서는 진화를 거듭했다. 최초 S자 직립은 하나 원숭이에 가까운 원인(猿人), 즉 학명으로 '오스트랄로피테쿠스(오래된 인간)'라는 인류 조상이다. 그래서 이곳이 **인류의 고향, 인류의 발상지**라 불리어진다.

인류가 직립하고 불을 사용하여 음식물을 익혀 먹을 때는 '호모 에렉투스(인간 + 직립)', 즉 고생인류이다. 약 50만 년 전 인간에 가까운 아프리카 원인(原人), 베이징 원인, 자바 원인이 여기에 속한다. 그러나 현존하는 인류의 조상은 지구가 온난하기 시작한 약 7만 년 전부터 아프리카를 벗어나 대거 아시아와 유럽으로 확산되었다. 그 중 약 25만 년 전 출현한 현생인류인 네안데르탈인은 '호모 사피엔스(인간 + 지혜)'로서 진보된 도구와 언어를 사용하였다. 그러나 마지막 뷔름빙기(11만~1.2만 년 전)를 극복하지 못하고 이들 구인(舊

人)도 거의 사망하였다. 지구상의 인구는 온난한 아프리카에서 겨우 1만여 명만 생존했다는 **아프리카의 단일기원설**이 작금의 이론이다. 이들은 가축을 기르고, 유창한 언어 능력과 예술을 가진 현생인류(新人)인 '호모 사피엔스 사피엔스'가 약 4만 년 전부터 아프리카에서 이동해 와서 뷔름빙기를 극복한 크로마뇽인과 산정동인(山頂洞人)인데 오늘날 각각 유럽인과 아시아인의 조상이다. 또 인류 진화의 역사가 바뀌는 화석이 어디서고 나올지 모른다.

아프리카의 면적은 약 3,000만km²로서 지구상 육지면적에 20.3%가 되어 아시아 다음으로 큰 대륙으로 인구도 12억이나 된다. 이곳 사람의 대부분은 '니그로이드(흑인)'로 사하라 사막 이남의 아프리카인을 지칭한다. 이들은 이동하지 않은 현생인류로서 약 1.2만 년 전 마지막 간빙기에 기온이 상승하자 햇빛 속의 강한 자외선을 차단하기 위해 멜라닌 색소를 계속 축적한 것이 검은 피부를 가지게 된 원인이다. 그뿐만 아니라 곱슬머리, 가로퍼진 납작코, 두툼한 입술, 뒤로 돌출한 엉덩이 등 이 지역만의 독특한 유전인자를 만들었다. 그들은 동부의 반투족(흑색 + 전투적), 중서부의 수단 니그로(회색 + 온순), 남서부의 부시맨(단신 + 원시족) 등으로 대별된다.

특히 '마사이족'은 맨손으로 사자를 때려잡는 용맹스러운 전사로서 노예역사가 없는 아프리카 자존심이라 불리어지는 인종이다. 그들은 동수단의 '나일 사하라어족'에 속하고, 남자 중심의 일부다처(一夫多妻)의 특권이 있으며 남자들끼리 아내를 빌려주는 풍습도 있다. 그들의 평균 신장 177cm의 호리호리한 키와 고수머리, 짙은 갈색 피부를 가진 종족으로 남자는 빨간 망토를 걸치고 기다란 막대기 (o'rinka) 하나만 들고 끝없는 평원을 걸어가는 마사이족, 자연과 함께 살아가는 인류의 모습을 간직하고 있다.

74-1 마사이족과 함께 / 74-2 소똥집 보마

케냐 2
: 동물의 생활

케냐는 19세기까지 내륙에 대해서는 거의 알려지지 않았다. 아랍인이 대상을 구성하여 상아를 찾아 이 나라 제2의 도시 몸바사항구에서 빅토리아 호수를 거쳐 엘곤산까지 나아갔다. 케냐는 1593년 포르투갈의 침입을 받은 뒤 1890년 영국의 보호령이 되어 400년 동안 서양의 지배를 받았다. 그러나 1963년 독립한 후 공화국이 수립되었다. 초대 대통령 키쿠유족 「케냐타」는 친서방 우호, 자유시장 경제, 투자유치 등으로 검은 아프리카(Black Africa)에서 가장 안정되고 경제가 활기찬 국가로 만들었다.

케냐는 대체로 3~5월은 다우기이고 10~12월은 소우기이다. 북부와 동부는 건기가 너무 길어 풀만 자라는 초원이 많아 건조기후 내지는 사막기후이다. 그래서 국토의 4%만이 가경지로 옥수수, 커피 (고원지대), 화훼농업이 중요하다. 커피를 원산지 에티오피아에서 19세기 도입한 케냐는 국가 차원에서 재배, 가공, 판매, 품질개발을 통하여 아프리카를 대표하는 커피 생산국(2017년 47,400톤)이다. 또 이 나라 경제의 한 축을 담당하고 있는 관광업은 국토의 20%가 되는 야생동물 보호지로 나쿠루, 암보셀리, 마사이마라 등 10여 개 국립공원이 주요 관광자원이다.

나쿠루 국립공원은 북서부 대지구대 내에 있는 나쿠르 호수와 함께 지정되어 200만 마리의 플라밍고(홍학)와 황색부리 새 펠리컨 서식지이다. 이들 연분홍색 군무는 '지구상에 가장 위대한 조류천국'을 만들어 탄성이 절로 나온다. 그러나 최근 홍학이 날아오지 않는다는 비극적인 소식이 전해지고 있다. 또 한 장소에서 동물원처럼 코끼리를 제외한 빅 파이브(Big Five) 사자, 기린, 얼룩말, 코뿔소가 있고, 그 외 하이에나, 치타, 물소, 임팔라, 가젤, 바분, 혹멧돼지 등이 서식한다. 이들 동물이 사바나의 대표 수종으로 우산 모양인 '옐로 아카시아 트리'를 배경으로 뛰노는 모습은 사바나기후의 진경이다.

암보셀리 국립공원은 나이로비 남쪽 240km에 위치하고, 그곳에 엎어놓은 배 모양의 화산대에서 킬리만자로산(5,895m)이 우뚝 솟아 있다. 정상의 분화구는 폭이 1.9km, 최고 수심 300m의 칼데라호이다. 소설가 「헤밍웨이」는 이곳 국립공원 내 세레나 로지에서 새하얀 눈이 있는 정상을 보면서 《킬리만자로 눈》이라는 소설도 쓰고 또 사냥도 즐긴 곳이다. 이 공원은 코끼리 떼(10~50마리)가 주기적으로 킬리만자로 산자락을 한 바퀴 도는 낙원인데 뚜껑 열린 승합차에 올라서 보는 '사파리'는 정말 케냐 관광의 백미이다. 그래서 '구름 띠를 두른 킬리만자로산 + 초원을 거니는 코끼리 떼'를 배경으로 한 사진은 케냐뿐만 아니라 아프리카의 랜드마크이다. 더욱이 롯지에 만발한 7색의 부겐베리아는 오후 눈부신 태양에 노출되어 선명하고 다양한 컬러로 빛난다.

케냐의 '마사이 마라 국립공원'은 킬리만자로산 북측에 위치하고, 탄자니아의 세렝게티 국립공원과는 국경선에 의하여 나누어져 있지만 사실은 하나의 초원이다. 이곳 대평원은 약 300만의 초식동물들이 살고 있으며 120만의 누우, 20만의 얼룩말과 가젤 등의 초식동물 대이동이 일어난다. 탄자니아의 세렝게티 남부 평원에서 5~6월의 우기에 이동하기 시작하여 빅토리아 호수 동부를 지나서 800~1,500km를 이동, 북쪽의 국경 바로 넘어 9월경에 케냐의 초원 마라에 도착한다. 이들 누우 떼와 얼룩말은 이곳을 흐르는 마라강의 주인인 악어와 처절한 한판의 승부가 7~8월경에 벌어지는데 이때가 **세계 제일의 사파리 관광의 명소**가 되고 있다.

케냐의 자존심 마사이족은 25만이고, 이웃 탄자니아에도 10만이 있다. 이들은 태고시대 하늘나라에서 신이 내려보내면서 소, 양, 염소를 사육하라는 전설이 있다. 그래서 주식은 자연히 생혈, 우유, 고기이고, 10여 가구가 가시울타리를 친 작은 마을을 형성, 3~4년마다 옮겨 다니는 유목생활을 한다. 특히 여자는 넓게 장식된 목걸이를 하고, 격자 문양의 화려한 원색 천의 복색(shuka)을 입는다. 그러나 가옥은 나뭇가지로 기둥과 벽을 엮고, 소똥과 재를 짓이겨 바른 일명 '보마(Bo mas)'라는 벌집 같은 초라한 집으로 그들의 컬러풀한 의상과는 걸맞지 않는다.

75 케냐 나쿠루 호수 홍학

이집트 1
: 카이로

    나일강은 6,650km로서 세계에서 제일 긴 강이다. 나일강은 빅토리아 호수에서 시작하여 우간다를 지나면서 백나일강이 되고, 에티오피아고원에서 발원하는 청나일강과 수단공화국 수도 하르툼에서 합수하여 이집트를 지나 지중해에 흘러드는 국제하천이다. 나일의 정기적인 범람은 강 주변의 토양을 비옥하게 만들어 농업 생산성이 높아 고대 이집트 문명의 발상지가 되었다. 그리스 역사학자 「헤로도토스」는 나일강의 상류 아스완까지 둘러보고 "이집트는 나일의 선물이다"라 하였다.

    이곳 나일에는 기원전 5천 년 세계 최초의 고대국가를 탄생시켰다. 유역에는 30여 개의 '파라오'가 흥망을 거듭하였는데 고 왕국(BC 2635~2140)은 상·하 이집트를 통합하고, 중 왕국(BC 2022~1650)은 지방부족을 평정하고 중앙집권을 확립하였다. 신 왕국(BC 1539~332)은 룩소르 지역에 최초의 신전을 건축하고 아시아 지역을 정벌하였다. 그 후는 거꾸로 알렉산더 대왕의 침략에 의한 그리스 지배(BC 332~30), 옥타비아누스가 악티움 해전에서 클레오파트라의 이집트 함대를 무찌른 BC 31년부터 로마의 지배, 바그다드군의 무혈입성으로 이슬람 지배(AD 640~1805)를 받았다. 그래서 알렉산드리아 건설로 헬레니즘(그리스 + 오리엔트) 문명을 열었고, 카이로 건설로 아랍문화권이 되었다.

세계 제일의 고도 카이로를 알기 위해서는 도심의 '타흐리르 광장'을 찾아야 한다. 2011년 30년간 독재한 「무바라크」 대통령을 하야시킨 현장으로서 민주화의 성지이자 카이로의 얼굴이다. 대표적인 유물은 기원전 13세기 유명한 람세스 2세 때 만들어진 오벨리스크를 옮겨와서 세웠다. 이집트 고고학박물관에서는 당시 찬란한 문화를 알려주는 파라오 문서 등 방대한 자료와 접하게 된다. 상형문자로 기록한 세계 최초의 책을 만든 '파피루스 종이' 또 이 종이 위에 컬러풀한 그림을 그려서 팔고 있는데 이 파피루스 재료는 나일강 습지에서 자라는 우리나라 왕골 모습을 한 '고매(갈대)'이다.

피라미드는 카이로의 상징일 뿐만 아니라 이집트의 상징이기도 하다. 기자(Giza) 지역에는 쿠푸 왕(146m), 카프레 왕(137m), 멘카우레 왕(69m)의 3대 큰 무덤을 포함하여 전국 80기의 피라미드가 있다. 이들은 화강암 각석 평균 2.5톤 2만 개 이상을 사용하였다. 장대한 「쿠푸 왕」 피라미드는 '세계 7대 불가사의의 하나'로서 고대신앙과 관련된 신성한 건축물이다. 스핑크스는 고 왕국 「카프레 왕」 제위 기간에 자연석을 깎아서 피라미드의 수호신으로 제작되었으나 대부분 이집트의 역사를 통해 왕의 초상으로 사용되었으며 그 길이는 70m, 높이 20m이다. 이곳에서 관광용 낙타를 타고 피라미드를 한 바퀴 도는 것이 카이로 관광의 백미이다.

카이로 시가지 동부에는 죽은 자와 함께 사는 무덤의 도시 '알 아라파'가 있다는 점이 독특하다. 이 공동묘지의 주인공은 처음 술탄과 귀족인데 기독교 나라 이집트가 7세기 이슬람의 속국이 되면서 주민들이 들어와 살기 시작하여 1950년대 도시 개발과정에서 밀려난 난민들이 대거 들어와서 생활하는 터전이 되었다. 그 면적은 36km²이고, 인구는 200만 명이 되어 카이로시 인구의 10%나 된다. 두 자녀를 둔 「오마르 파우지」는 3년 전에 이곳으로 이사 와서 집세 걱정 없이 살고 있다. 지하에 묻힌 시신이야 무슨 문제가 있는가? 상하수도 시설이 없으나 당국에서 물을 실어다 주고, 공중화장실을 곳곳에 설치하여 사실상 불법이나 거주를 묵인한다.

피라미드 지역에 있는 나일강 변 동쪽에는 '콥트 지구'가 있다. 이곳은 예수님이 어린 시절 헤롯의 박해를 피해서 망명한 곳에 기념으로 세워진 아기예수 피난교회 및 모세 기념교회가 있다. 그러나 이슬람국가 안에서 1300년 동안 기독교를 지켜온 이집트의 크리스트계 콥틱 교인은 국민의 약 10%가 되고, 콥틱교회는 내부벽면의 기하학적 문양에서 이슬람적 요소를 가지고 있다. 반면에 입구에 있는 콥트박물관과 중세 십자군 바빌론 요새는 이슬람 침략 이전 2,000년이나 된 올드 카이로의 유적지로 성지순례자가 많은 대표적인 '기독교 성지'이다.

76-1 교육시찰단과 피라미드 / 76-2 피라미드와 스핑크스

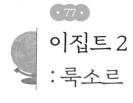

이집트 2
: 룩소르

 이집트는 면적 약 100만km², 인구 9,500만의 대국이다. 그러나 경지면적이 약 4%(36,000km²)인 나일강과 삼각주의 협소한 지역에 이 나라 인구의 90%가 거주하고 있다. 그래서 식량 생산은 한계점에 왔는데 인구는 급증하여 1980년 4,410만에서 38년 만에 약 2.2배가 되어 재앙적인 수준이다. 경제가 허약한 이집트가 크게 의존하는 3대 외화 수입원은 첫째 해외 근로자의 송금으로 2011년 178억 달러로 아주 많다. 둘째 세계물동량의 20%가 통과하는 수에즈운하의 통행료 2021년 83억 달러 징수 계획(2015년 운하 확장 전 53억 달러), 셋째 무엇보다 중요한 것은 관광수입으로 2010년 125억 달러를 벌어들여 GDP의 12%가 되었다.

가장 유명한 피라미드는 카이로에 있지만 고대 이집트의 나머지 유물 전부는 룩소르에 있다고 해도 과언이 아니다. "룩소르를 보지 않고는 이집트 문명을 말하지 말라"고 한다. 룩소르는 중 왕조와 신왕조 1,600여 년간 수도로서, 유적들이 수천 년 나일강 변 주민들의 삶 속에 자연스럽게 공존하고, 죽은 파라오(Pharaoh)와 살아 있는 신이 만나는 곳으로 생각한다. 그래서 2016년 룩소르가 '세계 관광 수도'로 지정되었는가 보다.

테베지역 룩소르는 카이로 남쪽 660km 지점의 나일강 중류에 위치하고 있다. 나일강 서안에는 '투탕카멘 황금 마스크' 발견으로 알려진 왕들의 계곡은 '하트셉수트 여왕의 장제전'과 많은 파라오들이 잠들어 있으며 이 무덤들을 수호하는 멤논 거상도 있다. 동안에는 대 카르나크 신전과 룩소르 신전이 있다. 1895년 모래 속에서 발굴된 신전 중의 신전 카르나크에서 룩소르 신전으로 가는 길 '스핑크스 거리(2.7km)'에는 사자의 몸통에 양의 머리를 한 2,000개의 석상 등 경이로운 유적이 밀집하여 노천박물관의 챔피언이라 한다. 룩소르 신전에는 「람세스 2세」의 6개 거상이 있고, 그 앞 탑문 오른편에는 25m의 오벨리스크가 있는데 왼편의 오벨리스크는 아이러니하게도 파리의 콩코드 광장에 우뚝 서있다. 이것은 침공의 상징인가? 약탈의 상징인가?

아스완은 룩소르 남쪽 330km 위치하고 나일강과 북회귀선이 만나는 곳으로서 이집트 최남단도시이다. 또 화강암산지로서 카이로의 피라미드 건설에 사용된 화강암 대부분이 이곳에서 운반되었다.

1952년 혁명에 성공한 「나세르」 대통령은 1960년 소련의 도움으로 아스완보다 12km 상류에 댐을 쌓기 시작했다. 1970년 완성한 '아스완 하이 댐'은 높이 111m, 길이 3.6km 저수용량 1,690억 톤이다. 이곳 하이 댐으로 생겨난 나세르 호는 5,000km²로서 말단부는 수단 영내 들어가서 수몰민은 이집트 쪽 5만, 수단 쪽 4만이 생겨났다.

댐 건설로 무엇보다 20여 개의 신전과 무덤이 수몰하게 되어 주목받게 되었다. 나세르는 "우리는 댐이 필요하다. 돈을 주지 않으면 우리는 신전을 가라앉힐 수밖에 없다"라고 으름장을 놓자 유네스코가 돈을 모아주었다. 준공 후 발전소의 가동으로 화학비료공장, 제철공장까지 건설되었으나 물 사용의 분쟁이 일어났다. 이집트와 수단은 쌍무협정으로 총 방류량 750억 톤 중 각각 555억 : 185억 톤을 사용하는 '나일강 이용 협약'을 1959년 조인하여 물 분쟁이 해소되는 듯하였다. 그러나 상류에 에티오피아가 2011년부터 수단과 국경이 가까운 청나일강에 저수용량 660억 톤의 르네상스 댐을 건립(2017년 60%)하고 있다. 이곳 청나일강의 수량은 나일강 유입량의 85%가 되어 제2단계 물 분쟁을 촉발하고 있다.

아부심벨 신전은 강력한 군사력으로 이웃 나라를 정벌하여 이집트에서 가장 사랑받는 왕 「람세스 2세」가 세운 위대한 건축물인데 아스완 남쪽 300km 지점 수단국경이 가까운 나세르호 안의 엘레판티네 섬에 있다. 유네스코가 신전 자체를 20~30톤 크기로 절단하여 보다 높은 위치로 옮겨 재조립하여 보존했다. 그의 신전 옆에는 사랑했던 왕비 「네페르타리」를 위해 지은 소신전도 장관이다. 그는 이 부인의 사후 모든 여인을 마다하고, 부인을 꼭 빼닮은 맏딸과 결혼하여 행복하게 살았다고 한다.

77 아부심벨 신전

그리스 1
: 서양문화 기원

동양문화의 원류가 중국문화라면 서양문화의 원류는 그리스문화이다. 고대 그리스(BC 1100~146)는 도시국가와 민주주의, 석조건축물과 나상의 조각, 인간 중심의 학문과 철학사상 등을 꽃 피운 독보적인 문화이다.

첫째 그리스의 도시국가는 반도부에는 200개가 있었는데 아테네, 스파르타, 테베, 올림피아, 마케도니아, 코린토스 등이 있었다. 고대 그리스에는 아테네와 같은 원주(原住) 그리스인의 폴리스가 있고, 스파르타와 같이 외부에서 유입된 도리아인이 건설한 폴리스가 있다. 이들 간에 군사적인 충돌이 일어나자 자연스럽게 몇 개의 부락이 모여서 즉 폴리스를 형성하여 싸우게 되었던 것이다. 문명의 도시국가끼리 전쟁을 막기 위하여 4년에 한 번씩 열린 체전이 현대 '올림픽의 기원'이다. 이러한 과정에서 도시국가 아테네에서 '민주주의가 탄생'하여 오늘날 많은 국가에서 채택하고 있는 정치시스템이다. 그리스의 직접 민주주의 하면 '아고라'가 상징하고 있다. 아고라(Agora)는 시민 생활의 중심이 되는 시장, 운동, 예술의 장소이고, 일명 소크라테스 거리학교이었으나 아테네의 참여 민주주의 발전에 따라 민회(民會)와 재판(裁判)이 열리는 '광장'으로 바뀌었다.

둘째 그리스인은 화려한 건축과 조각 작품을 인류의 유산으로 물려주었다. 로마인은 세계를 다스리는 데 능했지만 대리석과 청동의 조각술은 그 누구도 그리스인을 대신하지 못한다고 로마 시성 「베르길리우스」가 말하였다. 헬레니즘 예술의 주체는 생동하는 인간상, 즉 인체의 조각이다. 그래서 예술작품 속에 누드를 도입한 것이 그리스인이었다. 고대 헬레니즘 조각의 최고의 걸작 '라오콘 군상'이 「하게산드로스」 등 3인의 공동작품(BC 175)인데 1506년 로마의 한 언덕에서 출토되었다. 여성 누드의 대표작으로 팔이 떨어져 나간 '밀로의 비너스'는 지금은 루브르박물관에 가야만 볼 수 있는데 안티오키아의 무명작가 「알렉산드로스」 작품인가? 「프락시텔레스」의 작품인가? 논란이 뜨겁다. 또 프락시텔레스(BC 390)는 다시 '아프로디테 1, 2' 걸작을 발표, 여자의 농염한 나상을 남성들의 시선을 끄는 욕망의 대상으로 서양 미술사에 등장시켰다. 2000년 후 미켈란젤로 등 르네상스 예술가가 모방하고자 했던 그리스 예술이 바로 이러한 나상의 조각들이다.

셋째 고대 그리스의 철학자들과 그들의 사상은 당시 지배계급인

귀족계급을 대변하고 있었다. 대표적인 철학자는 소크라테스(BC 470~399)이고, 그의 제자는 플라톤(BC 427~347)이고, 이어서 아리스토텔레스(BC 384~322)이다. 「소크라테스」는 "너 자신을 알라"라는 말을 기초로 하여 참된 지식은 '귀납법'에서 찾고, 사람들과 대화에 의한 '문답법'에서 진리에 도달하였다. 말년에 신을 부정하고 청년들을 선동하여 타락시켰다고 사형선고를 받았다. 그는 악처로 소문난 「크산티페」의 잔소리와 물을 퍼붓는 독백에도 "천둥이 치더니 금세 소낙비가 내리네" 하면서 집을 나가곤 하였다. 흔히들 그를 공자, 예수, 석가와 함께 세계 4대 성인이라 한다.

「플라톤」은 철학자로서 "국민이 정치에 무관심하면 가장 저질스러운 세력의 지배를 받는다"라고 하였는데 오늘 우리에게 주는 고언(苦言)이 아닌가? 또 스승 소크라테스의 가르침에 의하여 그리스 철학의 객관적 관념론의 창시자가 되었고, 이들의 책이 없으면 소크라테스가 어떤 사람인지도 모를 30권의 많은 저술을 남겼다. 「아리스토텔레스」는 철학자이자 정치가이고 알렉산더 대왕의 왕자 시절 사부이기도 했다. 그는 "누구에게나 친구는 어느 누구에게도 친구가 아니다", "미(美)는 신의 선물이다"라는 등 많은 명언을 남겼다.

천문학자 아리스타르코스(BC 280)는 지구는 자전하면서 태양의 주위를 공전한다는 완벽한 태양 중심 체계를 밝혔다. 역사학의 아버지이자 여행가인 헤로도토스는 페르시아 전쟁사를 쓰고, 지리학자이자 수학자인 에라토스테네스는 지구의 둘레 46,250km라고 측정하였다. 물리학자로서 아르키메데스는 지렛대와 부력의 원리를 발견했다. 철학자이자 수학자인 피타고라스는 초등 기하학에서 가장 아름다운 정리이자 가장 유용한 정리를 내놓았다. 의학자인 히포크라테스는 과학적 의료법에 길을 열었다.

78 밀로의 비너스

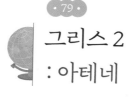

그리스 2
: 아테네

찬란한 문화의 배경을 가진 그리스 경제가 현대에 와서 왜 붕괴하기 시작했는가? 그리스는 2003~2004년 기준으로 대한민국 1인당 GDP 증가율보다 높은 적도 있었다. 한때나마 해운업이 번창하고, 또 자동차도 만들고, 제조업 기반도 나름대로 가지고 국민소득이 3만 불에 육박하기도 했다. 그러나 "우리는 올리브 농사를 잘 짓고, 관광이 경쟁이 있으니 그것을 잘 키우자"라는 정책으로 바꾸었다고 선언했다. 이 내막은 사실상 공장 내 강성노조의 쟁의에 굴복, 2차 산업을 포기하고 공장이 없는 국가를 만들었다. 그리스는 1981년 유럽연합(EU) 가입 후 짧은 호황기(1989~2007)를 누렸으나 신민주당이 집권 5년 만에 경제 규모가 1/4로 쪼그라들고, 실업자가 2.5배로 폭증하였다. 그래서 IMF(독일)로부터 3차에 걸쳐 330억 유로, 즉 우리 돈 413조나 되는 구제 금융을 받았다. 2015년 그리스 총선에서 새로 들어선 급진좌파의 새 정부는 국가 경제가 이미 파산상태라 선언하고, 독일에게 구제 금융을 받으면서 맺었던 약속들을 일방적으로 파기하면서 국민과의 선거공약인 해고 공무원의 복직과 연금인상만 실행하였다. 이들 양국 간에 오고 가고 한 논쟁 아닌 악담 "독일이 그리스를 빨아 먹고 컸다고 말하기에는 그리스는 너무 작다"라는 것은 무엇을 시사하는가?

그리스가 망한 이유를 구체적으로 나열하면 어처구니없게도 올리브를 수출하고 올리브 가공품을 수입하는 기형적인 산업구조, 정치인 공무원 노조가 조폭처럼 엉켜 상호 뒤봐주기, 대학 못 간 고교생을 국비로 해외 유학 등 말도 안 되는 퍼주기식 복지정책 남발, 잦은 디폴트에 대한 국제사회가 알아서 해주겠지 등의 사고이다. 사실상 서구 문명의 발상지라는 이유로 봐주는 측면도 있었다. IMF와 EU가 새로운 구제 금융 240억 유로를 미끼로 요구한 혹독한 긴축재정과 최저임금 삭감안을 의회에서 통과시키자 공무원과 공공노조 60만을 포함한 200만 노동자의 항의 투쟁으로 좌파 연립정부도 흔들리고 있다.

아테네는 그리스의 수도로서 서구 문명 요람이자 직접 민주주의 고향으로 인정받고 있다. 고대 그리스뿐만 아니라 로마, 비잔티움, 오스만제국의 유적도 간직하고 있다. 특히 아테네 중심에 있는 초라하다 못해 허무해 보이는 하드리아누스(로마 황제) 개선문을 지나면

올림포스 12신 중 최고의 성전이고, 세계 7대 불가사의의 하나인 '올림피아 제우스 신전'은 겨우 기둥만 몇 개 남아 있다. 이곳 '제우스상'과 함께 파르테논 신전의 '아테나 처녀상'은 조각가 「페이디아스」의 2대 걸작이다. 흰색 대리석의 화려한 외관 '올림픽 경기장'도 로마시대 대표적 건축물로 그 규모가 크다.

도시 중심 바위 언덕의 성채에 아크로폴리스(156m)가 있는데 아테나 여신이 올리브 나무를 심은 곳에 **파르테논 신전**이 우뚝 솟아 있다. 아테네의 시가지를 내려다보고 있는 신전은 BC 447~432년간에 페이디아스가 총감독하여 건축하였는데 도리아식 건축미의 극치로 46개 기둥만 남아 있으나 웅장하고 균형미가 뛰어난 걸작으로 1978년 '유네스코가 세계문화유산 제1호'로 선정하였다. 비싸면 보지 말라는 듯 매년 입장료가 가파르게 오르고 있다. 동편에 있는 '에레크테이온 신전'은 이오니아식으로 6명의 현란한 미모 소녀상을 기둥으로 한 주랑이 있는데 그중 1명의 소녀상은 모조품이다. 진품은 영국이 제국시대의 전유물을 자랑하는 듯 대영박물관에 진열하고 있다. 남측기슭에 있는 '디오니소스 극장'은 반원의 외형을 간신히 유지하고, 남서기슭에는 비교적 잘 보존된 '헤로데스 아티쿠스 음악당(AD 160)'은 지금도 소리의 울림과 공명이 너무 아름다우며 세계적인 소프라노 조수미도 2005년 호세 카레라스와 합동 공연하였다.

맞은편에 로마인의 선정(善政) 기념비가 있는 '필로파포스 언덕'은 아테네시 아름다운 전경이 내려다보인다. 또 거리의 철학자 소크라테스가 사형되기 전까지 갇혀있던 동굴 감옥도 있다. 그는 "악법도 법이다" 하면서 담담하게 이 언덕에서 독배를 마신 것인가! 모든 것이 여론의 모함으로 죄없이 사형장으로 끌려가는 모습의 소크라테스와 박근혜 대통령이 법정으로 가는 모습의 다른 점은 무엇일까! 이 두 분의 죄는 그들이 한 언행이 모두 옳았기 때문이라는 철학적 원죄는 아닐는지!

79 소크라테스

이탈리아 1

: 로마

고대 그리스가 문화로 유럽을 하나로 묶었다면 고대 로마는 군사적 정복으로 유럽을 하나로 묶었다. 초대 황제 「옥타비아누스(BC 63~AD 14)」는 악티움 해전에서 이집트의 여왕 「클레오파트라」를 대패시킴으로써 카이사르의 뒤를 이어 종신 황제직에 올랐다. 이 제국은 그 면적이 약 500만km²로 현재 50여 개국을 포함하고 인구는 8,800만이 되는 대제국이다. 더욱이 "로마는 하루아침에 이루어지지 않았다"고 세르반테스가 상기시켜 준 장대한 석조 건축예술은 지금도 찬란히 빛나고 있다.

로마시는 BC 753년 전설적인 초대 왕 「로물루스」에 의해 건설되어 로마라는 이름을 얻게 되었고, 팔라티노 등 7개의 언덕에 촌락들이

들어서고 로마의 젖줄 테베레강이 그 사이를 S자로 흐르고 있다. 역사의 도시로서 군사적, 상업적 목적으로 중앙에는 12개 가도를 만들고 전 지역으로 375개 간선 도로를 조성 '모든 길은 로마로 통한다'는 말을 듣게 되었다. 로마는 25개의 박물관과 60개 관광지가 있어 볼 것 많고, 갈 곳 많은 곳이다.

'베네치아 광장'은 로마의 배꼽으로 1871년 이탈리아 통일을 기념하여 조성하였으나 사실은 2,500년 로마역사의 영광과 몰락을 함께한 장소이다. 중앙에는 국토통일 국왕 「에마누엘레 2세(1820~1878)」의 청동 기마상과 기념관이 있다. 왼편의 베네치아 궁전은 르네상스 초기 건물로서 「뭇소리니」가 이곳 3층 발코니에서 제2차 대전 참전을 선언한 역사적인 장소이나 지금은 박물관이다. 오른쪽 '콜로세움'은 신세계 7대 불가사의 건축물로 로마의 랜드마크이고, 6만 명을 수용하는 원형경기장으로 검투사와 맹수의 시합이 개최되었다. 이곳에서 고대 로마의 정치, 행정의 중심지로서 많은 유적이 있는 '포로 로마노' 전경을 볼 수 있다. 광장 북쪽에 있는 바로크양식의 트레비 분수는 분수에 동전을 던지면 로마에 다시 돌아온다는 속설이 있다. 최근 연 20억 원의 이 동전 소유권을 놓고 로마시와 가톨릭 자선단체가 다투고 있다. 북서쪽에 있는 로마시민의 만남의 장소인 스페인 광장은 이제는 앉는 것이 법으로 금지된 137개 몬티 계단이 위쪽 몬티 성당을 이어주고 있는데 예술성보다 영화 〈로마의 휴일〉에서 「오드리 헵번」이 아이스크림을 먹던 장소로 더 유명하다.

강을 건너 바티칸 시국에 있는 **'성 베드로 성당**(바티칸 대성당)**'**은 「브라만테」의 설계, 「베르니니」의 건축 등 많은 예술가들이 참가하여 조화로움과 호화로움의 극치를 이룬다. 특히 대성전에는 「미켈란젤로」의 불후의 명작으로 어머니 마리아의 무릎에 놓인 예수 '피에타상', 교황관저 시스티나 성당에 있는 '천지창조' 천장화와 '최후의 심판' 벽화 역시 미켈란젤로 작품으로 인류가 남긴 최고의 조각과 회화로 평가되었고, 89세 그의 사망과 함께 르네상스시대가 막을 내렸다.

나폴리는 소매치기, 차량털이 등 범죄의 소굴로 소개들 하고 있으나 불타는 태양과 에메랄드빛 지중해가 기다리고 있다. 나폴리는 로마에서 남동쪽으로 190km 떨어져서 이탈리아 반도의 서해안에 있는 항구도시이다. 멀리 베수비오 화산을 함께 볼 수 있는 아름답고 넓은 산타 루치아만을 끼고 있어 세계 3대 미항의 하나가 되었는가 보다. 미항을 제대로 즐기려면 산만한 시가지보다 자동차를 렌트하여 해안도로를 달리면서 지중해를 음미하는 데서 찾을 수 있다고 한다. 옛날에는 "나폴리를 보고 죽어라"라는 속담이 전해질 만큼 모차르트와 괴테도 방문하여 음악을 연주하고, 시를 남겼다.

AD 79년 8월 4일은 고대도시 폼페이의 최후의 날이다. 당시 폼페이는 귀족들의 인기 있는 리조트 내지는 휴양도시인데 무서운 굉음이 울려 퍼지면서 18시간에 걸쳐 100억 톤의 화산재가 비와 함께 쏟아져서 두께 4~7m로 응결되었다. 이 진원지는 나폴리 동쪽 12km 떨어진 베수비오 화산의 폭발 때문이다. 그 남쪽 10km에 있는 폼페이는 도시 전체와 2만여 명의 주민이 묻혔는데 1748년부터 본격적

인 발굴을 시작하여 아래나 경기장, 포장도로, 시민의 마을, 원형극
장, 목욕탕, 홍등가 등을 발굴하고 재현하였다. 특히 최후의 순간을
함께한 **두 연인의 인간화석**은 가슴 저릿한 아픔을 느끼게 한다. 만
약 바람이 북풍이 아니고 동풍이 불었다면 나폴리가 아직도 3/4만
발굴한 폼페이 신세가 되었을 것이다.

80-1 피사의 사탑 / 80-2 성 베드로 대성당

이탈리아 2
: 피렌체 · 베니스

　이탈리아반도 북부에서 주도가 밀라노인 롬바르디아주와 주도가 베네치아인 베네토주는 분리주의 운동에서 방향을 바꾸어 자치권 확대를 주장하고 있다. 그 원인을 롬바르디아주가 매년 800억 유로를 별도로 국고에 제공하는 것에서 찾아볼 수 있다. 이 지역은 북쪽에서 남하한 게르만계 주민이 세운 롬바르디아-베네치아 왕국(1815~1866)이 오스트리아(합스부르크 왕가) 제국 중의 일부가 되었다가 1859년 이탈리아 왕국에 합병되었다.

　밀라노는 롬바르디아 평야를 흐르는 포강의 상류에 위치하고 있는데 유럽에서 독일 다음으로 큰 제조업 단지를 구성하고, 이탈리아 GDP의 9%를 달성함으로써 이탈리아의 경제적 수도 역할을 한다.

두오모(대성당) 광장에 고딕첨탑이 있는 화려한 '밀라노 대성당'은 밀라노시의 랜드마크이다. 우리는 성당만 보고 피사로 갔다. '피사의 사탑'은 성내 기적의 광장에 있는 두오모 대성당의 종탑이다. 이 성당은 사라센과 전투에서 대승한 전리품을 가져와서 세웠는데 관광객으로 인산인해이다. 아아 반신불수의 종탑이 피사뿐만 아니라 이탈리아 전체를 먹여 살리는 것이 아닌가? 이 종탑의 건축은 1350년에 높이 58m의 탑을 완공하였는데 그 후 5.5° 기울어져 1990~2001년 간 복원 공사 후 40cm가 돌아오자 관광객의 발길이 끊겨 아이러니하게 공사를 중단하고 말았다.

피렌체(플로렌스)는 르네상스 조각과 건축의 탄생지로 낭만과 예술의 도시로서 수백만의 관광객을 유혹한다. 르네상스문화를 꽃피게 한 저명한 메디치 가문은 레오 10세, 클레멘스 7세 등 4명의 교황도 배출하였다. 이 도시를 상징하는 '시뇨리아 광장'에는 베키오 궁전, 우피치미술관 등과 함께 르네상스시대 조각상이 전시되어 있다. 세계 제일의 조각품으로 걸작 중의 걸작 미켈란젤로의 **다비드상**과 그가 가장 싫어한 후배 「반디넬리」 작품 헤라클레스와 카쿠스상이 궁전 입구를 지키고 있다. 또 메디치 가문의 코시모 1세 기마상, 넵튠 분수 등이 있어서 야외박물관으로 일컬어지고 있다. 그러나 이곳 빈민가 출신으로 모나리자(루브르박물관 소장)를 그린 세계적인 거장 「레오나르도 다 빈치」 작품을 보지 못하여 아쉽다. 이어서 우리는 산타크로체 성당의 미켈란젤로의 무덤을 찾으니 갈릴레오, 마키아벨리 등 르네상스시대 명사의 무덤이 함께 있었다. 부근 피렌체 대성당을 지나서 골목길에 있는 「단테」의 생가를 찾았다. 단테가 피렌체를 대표하는 6인의 정치인이 되었으나 교황의 반대편에 섰다가 라벤나로 추방당하여 그곳에서 소설 《신곡》을 완성하여 지금도 문예 부흥의 선구자로 칭송받고 있다.

베네치아(베니스)는 8세기부터 1,000년 동안 독립된 도시국가 및 해양국가이었으나 1797년 「나폴레옹」이 침공하자 무기력하게 무너졌다. 12세기부터 유리와 고급직물을 생산하였고, 이슬람국가와 다양한 물품을 교역하여 부유한 '아드리아해의 여왕'이라는 별칭을 가졌다. 아드리아해 북서부 석호(Lagoon)와 사주에 위치한 베니스는 118개 섬과 400여 개 다리가 있다. 베니스 본섬은 운하 3.5km가 중앙을 역 S자로 관통하고 그 주변에 광장, 성당, 궁전이 있으며 베니스 랜드마크 '리알토다리'도 있다. 날렵한 배 '곤돌라'나 수상 버스 '바포레토'로 이 유적들을 구경할 수 있다.

'산마르코 광장'은 정치적, 종교적 심장부로 베네치아 공화국의 중요한 산마르코 대성당과 두칼레 궁전이 있는데 14~15세기 비잔틴 + 로마네스크 + 고딕양식이 조화를 이룬 결정체이고, 일부는 18세기 바로크시대 현란한 건축예술로 재탄생되었다. 남·북편 상가에는 최초 베니스의 카페 플로리안과 함께 명품 상점들도 즐비하다. 나폴레옹이 "유럽에서 가장 아름다운 응접실"로 격찬해서인지 그림 같은 이곳 풍경에 넋을 잃은 관광객이 어제도 오늘도 밀려다닌다. 중앙 대성당의 종탑(99m)에 오르면 유리 세공업으로 유명한 무라노섬, 20~30대가 좋아하는 동화 같은 집이 있는 부라노섬, 1987년 이곳 영화제에서 강수연 씨가 〈씨받이〉로 여우주연상, 2012년 김기덕 감독이 〈피에타〉로 황금사자상을 받은 리도섬 등 고운 모래와 긴 해변 (11km)의 수상도시 전경이 한눈에 들어온다.

81-1 다비드상 / 81-2 산마르코 광장과 성당

멕시코 1
: 아스텍 문명

　스페인의 하급 귀족 출신의 「에르난 코르테스(1485~1547)」는 19
세에 대서양을 건너 쿠바에서 탐험가로서 생애를 시작했다. 1519년
멕시코 원정대장이 되어 배 11척, 병사 508명, 말 16필로 유카탄반
도에 상륙했다. 그는 돌아갈 수 없게 배를 모두 불사르고 자신의 발
자국에 원주민의 피로 물들이며 내륙으로 진격하여 멕시코시 부근의
아스텍제국의 「몬테수마 2세」를 공격하였다. 아스텍 왕은 평소 숭배
하던 신 '케찰코아틀'로 믿고 코르테스를 정중히 맞이하였으나 그들
은 돌변하여 황제를 볼모로 잡고 신성한 신전을 불태웠다. 저주스러
운 침략자를 신으로 잘못 생각한 황제는 1년 뒤 원주민이 던진 돌에
맞아 죽었다. 그 후 400년간 인디오의 찬란한 문화는 흔적도 없이

지워졌다.

　아스텍제국은 톨텍제국의 뒤를 이어 텍스코코 호수의 섬에 수도 테노치티틀란(멕시코시티)을 세워 멕시코 중부를 지배하고 있었다. 14~16세기 아스텍 문명은 정교한 역법과 문자사용, 장대한 석조 건축술, 대도시 등으로 황금기를 누리던 문명이다. 특이한 것은 어린 아이를 의식용 제물로 바치는 '인신공양(人身供養)'인데 아스텍인들은 태양을 매일 떠오르게 해주는 신에게 인간의 피와 심장을 기꺼이 바쳐 활력을 주어 영원히 아스텍시대를 지속시키려는 것이었다. 그러나 원주민 부족들 간의 적개심, 천연두와 황열병 등이 멸망요인이 되었다. 최근 아스텍문화는 사라진 고구려와 발해 유민이 3~10세기경 알류산열도를 거쳐 멕시코에 도착한 한민족의 대이동이 창조한 우리 문화라고 배제대학교「손성태」교수가 주장한다. 이것은 아스텍의 역사, 제도, 지명, 풍습 등이 우리와 닮아 있고, 인디언 언어 중에 우리말들이 나오는 데서 연유한다.

　멕시코시티는 16세기 이후 라틴아메리카 문화의 중심지이고 멕시코 수도로서 대도시권의 인구는 무려 2,000만이라 한다. 그 기반은 해발 2,300m의 고원으로서 겨울과 여름이 없는 기후는 서늘하고 건조하여 인간생활에 이상적인 기후이다. 도심에 있는 '소칼로 광장'은 세계에서도 모스크바의 붉은 광장 다음으로 큰 광장인데 대성당, 국민궁전, 시 청사가 있다. 이 광장은 멕시코의 배꼽과 같은 존재로서 400년 동안 멕시코의 역사와 중요한 의식을 지켜보았다. 소칼로 성당은 멕시코시의 랜드마크이고, 3세기에 걸쳐서 건축된 고딕 + 바로크 + 르네상스양식이 자연스럽게 혼합된 라틴아메리카에서 제일 웅장하고 아름다운 성당이다. 현재 대통령 집무실인 국민궁전은 길이 200m, 높이 3층으로 광장에서 가장 큰 건물이고 1524년 스페인의 총독 관저로 지어졌다. 궁전 2층에는 국민화가 「디에고 리베라」가 그린 스페인의 침략, 민족주의 운동 등 벽화의 파노라마가 있는데 참으로 민중벽화의 영웅 리베라의 위대함을 감상할 수 있다.

우리 교민들이 막강한 상권을 형성하고 있는 '떼삐또' 시장도 소칼로 광장 부근에 있다. 그러나 멕시코를 포함 중남미에서 우리 교포는 환영받지 못하고, 오히려 '어글리 코리안'이란 족쇄 속에 힘든 생활을 하고 있다. 일간지 레포르마는 먼 이웃 작은 서울이란 제하에서 한국식당의 고성방가, 시간도 휴일도 지키지 않는 불법상행위로 의류 도매상을 독점한 한국인 등을 김대중 대통령이 방문했을 때 멕시코 대통령이 불평했다고 한다.

1963년 「바스케스」에 의해 설계된 국립인류학박물관은 예약하지 않고는 볼 수 없는 집중과 혁신이 공존하는 박물관이다. 1층에는 마야, 테오티우아칸, 톨텍, 아스텍 등의 유물을 볼 수 있는 인기 있는 전시실이 있고, 2층은 원주민의 삶을 엿볼 수 있는 민속박물관으로 조성되어 있다. 실제로 멕시코의 고대 문명은 규모와 내용 면에서 루브르나 대영박물관을 능가하나 단지 인증을 받지 못할 뿐이라고 자부심을 가진다. 시의 북쪽에 있는 '과달루페 성당'은 성모 발현 (1533)으로 멕시코의 수호자로 선포되었으며 교황 「바오로 2세」 4차례를 비롯하여 연간 1,000만 명이 순례하는데 가난한 인디오가 다수로서 성모가 소원을 이루어 준다고 믿고 있다.

82 소칼로 광장

멕시코 2
: 마야 문명

마야 문명은 멕시코 동남부와 유카탄반도, 과테말라, 벨리즈 등이 중심이고 상형문자, 마야력, 20진법 등을 만들어 찬란한 고대문화를 꽃피웠다. 마야문화는 BC 5세기에 시작하여 아스텍문화에 영향을 주었으며 전기문화는 AD 250~600년, 후기문화는 AD 900~1100년이 전성기다. 전기 마야 문명의 중심지 과테말라의 심장 티칼과 멕시코 팔렝케 등은 7~8세기 소빙하기에 건조기후가 나타나 쇠퇴했다. 후기 마야 문명은 유카탄반도의 치첸이트사, 툴룸, 우슈말 등의 도시국가들이 마야 문명을 부흥시켰다. 특히 '신세계 7대 불가사의 건축물'로 지정된 치첸이트사는 신에게로 가는 9층 피라미드 엘 카스티요는 계단이 365개(1년 일수), 사면에 판이 52개(1년 주일 수)

이다. 이것은 마야인의 천문학적 지식과 과학성을 엿볼 수 있으며 스페인이 들어온 16세기 훨씬 이전에 붕괴되어 있었다.

유카탄반도 동북단에는 오늘날 제3기 마야문화가 일어나고 있다. 이곳 칸쿤은 1960년대 후반에 미국 해군 제독의 건의로 아름다운 석호(Lagoon) 외측 7자 모양의 긴 육계사주(23km)에 140개 호화호텔을 지어 마치 '멕시코의 하와이'가 되어 있다. 이곳은 산호초가 부서져서 만든 환상적인 '은빛 모래사장'과 미친 듯이 춤을 추는 코발트빛의 카리브해에서 파도타기, 정글에서 바다로 나오는 계곡의 스노클링과 정글보트 타기 등 신선놀이가 기다린다. 그뿐만 아니라 운석이 충돌하여 생긴 정글 속의 깊은 선녀탕 '세노테'에서 남녀가 목욕을 즐기는 오묘한 정경은 세계 신혼부부에게 허니문 1순위로 꼽히는 꿈의 여행지이다.

테오티우아칸 유적은 멕시코시 동북쪽 50km 지점에 거대한 피라미드 건축물인데 총면적은 83km²에 달하며 1987년 세계문화유산으로 등재되었다. 신대륙 발견 이전 이 대륙에서 가장 큰 도시지역으로 BC 2세기에 출발하여 AD 1~500년간에 전성기여서 또한 아스텍에 영향을 준 선진문화이다. 이 도시는 인구가 10~20만으로 추정되었는데 당시 세계 모든 도시를 통틀어 가장 많은 인구수이다. 이 문화의 독자적인 건축양식, 토기와 석기제작 기술, 신관을 우두머리로 하는 신권적 정치체제 등은 강한 문화로서 메소아메리카의 다른 지방에 영향을 끼쳤다. 그러나 7세기에 와서 흔적도 없이 사라졌는데 기후변화에 따른 지독한 가뭄, 피지배계층의 반란설 등이 최근 학설이나 아마도 풀리지 않는 수수께끼로 남아 있는 것이 정설이다. 테오티우아칸이란 아스텍인에 의해 명명되었고, 그들의 언어로 '신들의 도시'라는 의미이다. 그 유적은 중심도로인 '죽은 자의 거리' 양옆으로 태양 피라미드(사방 225m, 높이 65m)와 사원 광장이 있으며, 거리 북단의 달 피라미드(사방 145m, 높이 46m)에는 잔혹한 **인신공양** 제단도 있다.

스페인 사람은 황금의 섬 '엘도라도'를 찾아 신대륙 구석구석을 헤집고 다녔다. 이 보물찾기는 학살과 더불어 욕정의 부산물로 메스티소(스페인 남자와 인디오 여자의 교잡)라는 혼혈의 씨를 뿌리고 그리고 버렸다. 한 세대를 살다간 스페인 병사 하나가 평균 100명의 메스티소를 양산하였다고 한다. 메스티소는 미남미녀가 많은데 백인과 인디오의 장점을 고루 갖춘 잡종강세인가? 아니면 슬픈 역사 때문에 아름다운 것인가? 우리는 이곳의 옥수수빵 '토르티야'를 먹고 용설란술 '테킬라'를 마시면서 애절한 선율 '마리아치'의 민요 가락을 들으면서 토착민 인디오의 말할 수 없는 탄식도 공감해야 한다.

유카탄반도는 1905년 4월 4일 한국인 1,033명이 지상의 낙원이라는 말에 현혹되어 제물포항을 출발하여 멕시코의 애니깽(어저귀)이란 선인장 농장에 정착하였는데 일제의 조직적 계략에 의한 불법으로 팔려간 이른바 '노예이민'이다. 영화 〈애니깽〉에서 동학군이었던 아버지 때문에 백정이 된 천동(임성민 역)은 상투를 잘리고, 몰락한 양반 출신의 국희(장미희 역)는 겁탈을 당하는 수모로 농장을 함께 탈출하게 된다. 그 슬픈 역사의 흔적들이 쿠바를 포함하여 곳곳에 남아서 우리의 가슴을 헤집고 있으나 100년이 지난 지금 한민족의 피가 흐르는 '에네껜' 후예는 멕시코화 되어 있다.

83-1 테오티우아칸 유적 / 83-2 치챈이트사

미국 서부 1
: 대협곡

　미국 서부의 네바다, 유타, 애리조나, 콜로라도주에 걸쳐 있는 콜로라도고원은 습곡을 받지 않은 수평 지층의 얕은 바다가 약 7,000만 년 동안 3,000m 융기하여 생긴 지형이다. 이곳을 흐르는 콜로라도강(2,330km)이 수량이 많고, 물살이 빨라 놀라운 침식능력을 발휘하여 만든 협곡이 많은데 그중 인접하고 있는 그랜드캐니언, 자이언캐니언, 브라이스캐니언 등의 3대 협곡과 애리조나 엔텔로프캐니언과 함께 미국 서부에서 자연이 만든 협곡으로 꼭 봐야 할 명소로 알려져 있다.

　그랜드캐니언이 가장 매력적인 것은 경이로운 자연이지만 더욱 중요하고 값진 것은 협곡 양쪽 절벽에 드러나 있는 지구의 역사이다. 그래서 BBC방송이 정한 죽기 전에 꼭 봐야 할 여행지 1위이고, 1979년 유네스코 세계유산에 등재되었다. 콜로라도 협곡의 지층을 고도별로 보면 가장 낮은 층은 최고 오래된 18억 년 전 선캄브리아기 화강암과 편암이고, 암석 벼랑의 대부분은 3억 년 전 고생대에서 수평으로 겹겹이 쌓인 퇴적암이다. 최상층은 7천만 년 전 중생대 암석 등이 차례로 싸여 마치 지질연대에 의한 지층별로 배열해 놓은 전시장과 같다.

그랜드캐니언은 애리조나주 북부의 콜로라도강에서 면적 5,000km² 길이 443km 너비 0.2~29km 계곡 높이 1,500m가 되는 대협곡 부분이다. 그중 가장 아름다운 부분은 파월호에서 미드호까지 90km의 협곡이다. 헬기 투어보다 노새나 동력선을 타고 내려가는 상상을 해보라! 협곡 전체는 붉은 색깔이지만 각 지층은 황갈색, 회색, 분홍색, 갈색, 보라색 등 다채로운 빛을 발하고 있다. 캐니언 웨스트 림(West Rim)의 나바호족과 푸에블로족은 인디언 보호구역 내 전통주거지를 잘 보존하고 있으며 사우스 림의 투사얀족도 AD 1,050년경 30명의 주거유물을 잘 보존하고 있다.

자이언캐니언은 유대인의 이상향이며 모르몬교도의 거주지로 유명하고, 이름을 시온(Zion), 즉 '자이언'이라 이름을 짓게 된 것이다. 이곳은 유타 주의 남서부 면적 540km²로서 버진강 지류들 사이로 우뚝 솟아 있는 산들인데 그랜드캐니언과 함께 1919년 국립공원으로 지정되었다. 이 캐니언은 중생대에 해저가 융기하여 형성된 침식지형으로 협곡은 수직에 가까운 직벽으로 평균 910m이고 2,000m

넘는 곳도 있어서 그 규모에 압도되어 신비감과 경외감마저 느낀다. 대체로 사암, 석회암, 혈암으로 구성되어 크림색, 분홍색, 붉은색, 흰색 등이 다채롭다. 이 암층의 파노라마를 보고 인디언은 '신들의 정원'이라 했으나 모르몬교도는 '죽은 자들의 영혼이 머무는 곳'이 더 어울린다고 했다. 1847년 솔트레이크 도시가 건설되면서 사람의 거주가 늘어나고, 1923년 자동차도로 건설로 여행자를 유인하였다.

브라이스캐니언은 자이언캐니언을 뒤로하고 강원도 옛 한계령 같은 길을 굽이굽이 돌아서 올라가면 역시 유타주 남서부인데 면적 145km²이고, 7~5천만 년 전의 고원지대가 풍화작용을 받아 생긴 신비스러운 돌기둥, 즉 후두(Hoodoo)가 나타난다. 이곳은 엄밀히 말하면 유수에 의한 침식과 용식작용으로 형성된 둘레 2.5km의 계단식 원형 분지이다. 특히 후두의 황갈색은 어찌나 황홀한지 보고 있으면 눈이 부시고 일출과 일몰 때 주황색, 백색, 황색이 차례로 나타나는 신비로운 빛의 향연이 있다. 금방 무너질 듯한 후두사이의 하이킹은 이곳 관광의 백미인데 그 중 선셋 포인트에서 출발하는 나바호 루프 트레일은 장엄하고 화려한 '여왕의 정원'을 함께 감상할 수 있는 가장 스릴 있는 코스이다.

엔텔로프캐니언은 애리조나주 북동부 나바호 원주민의 보호구역에 있는데 지하에 있는 붉은색의 사암이 침식작용에 의해 생겨난 이름이 뜻하는 '영양의 내장' 같은 지형이다. 입장이 허가된 지 10년밖에 되지 않아 조금 알려진 캐니언이나 여행가나 사진작가에 인기 있는 곳이다. 이 동굴이 유명한 이유는 부드럽게 돌고 도는 멋있는 지하 동굴에 햇빛이 들어와서 바위 모양과 무늬에 빛의 굴절이 만드는 몽환적인 세상이 펼쳐지는 것이다.

84-1 그랜드캐니언 공원 입구 /

84-2 자이언캐니언

미국 서부 2
: 라스베가스

    1776년 7월 4일 미국은 온 세계를 향해 영국으로부터 독립을 선언한다. 1783년 미국은 프랑스군의 도움으로 대서양에서 미시시피 강에 이르는 광대한 지역을 보장받아 독립국으로 탄생한다. 또 1848년 멕시코와 전쟁에 승리하여 캘리포니아, 네바다, 유타, 애리조나 땅을 획득하여 대국의 모습을 갖춘다. 미국은 드디어 동부에서 1803~1848년간 뉴 프론티어(New Frontier)에 의한 서부로 이민하는 '서부의 개척시대'가 전개된다. 본격적인 진출은 1848년 캘리포니아에서 사금이 발견되자 마차를 타고 25만 명이나 몰려갔다. 그러나 그것은 황금이 아니라 황동에 불과하였다. 당시 서부에서 캔 금은 매년 98톤인데 남아프리카 공화국에서는 1,000톤이 나온 것을 감안한다면 19세기까지 계속된 골드러시는 인디언 거주지 수탈을 합리화하기 위한 쇼가 아니었을까? 전설적인 감독「존 포드」의 〈역마차〉,「세르조 레오네」의 〈석양의 건맨〉 등 많은 서부영화에서 보듯이 1800년대 아메리카 인디언의 삶의 터전을 송두리째 방화·약탈하는 모습을 완벽하게 재현하고 있다.

로스앤젤레스(LA)가 발전한 것은 골드러시라 하나 곧 황금이 사라져 버린 존폐의 기로에 놓인 시기이다. 그때 LA는 할리우드를 기반으로 한 영화산업의 메카로 급부상하게 되었다. 그 결과 세계에서 가장 오래되고 유명하고 권위 있는 아카데미 국제영화상 시상식이 1929년부터 개최되었다. 대한민국도 2020년「봉준호」감독 〈기생충〉이 작품상, 감독상 등 4개 부분을 휩쓸었다. 문명의 역사에서 LA는 예술가, 작가, 영화 제작자, 배우, 음악가로 살아가는 사람이 많아서 LA를 종종 '세계창조의 수도'라 불렀다. 볼거리로는 한국 여행자에게 잘 알려진 산타모니카해변, 유니버설 스튜디오, 할리우드 명예의 거리 등이 있다. 이제는 다양한 사람이 들어와 살고 있는 인종의 용광로로서 한인도 11만이 모여 사는 코리아타운을 비롯하여 차이나타운, 리틀 도쿄 등 민족촌이 있는 '천사의 도시'가 되었다.

라스베이거스는 스페인어로 '초원'이란 뜻으로 네바다주의 주도이다. 1829년 스페인 탐험가에 의하여 발견된 뒤, 1869년 대륙을 횡단하는 샌타페이 철도가 개통되었다. 그 후 1885년 유타주에서 온 모르몬교도들이 처음으로 이곳에 정착했다. 1931년 정부에 의한 카지노의 합법화 등이 성장의 계기가 되었다. 드디어 1935년 후버 댐이 완공되어 물을 받게 됨으로써 라스베이거스는 진정으로 탄생했다고 볼 수 있다.

라스베이거스는 1910년 인구 1,000명에서 2017년 교외 인구를 포함하면 200만에 이르렀으며 연 방문객이 4,200만이 되는 거대한 관광도시로 성장하였다. 그것은 라스베이거스의 3가지 유명한 관광거리 덕택이다. 첫째 세계 3대 분수 쇼의 하나로서 최고급 벨라지오 호텔 앞 호수에서 1,000여 개의 분수가 음악에 맞춰 춤을 추는 예쁜 '분수 발레'이다. 둘째 수많은 호텔이 저마다 가지고 있는 '카지노'이다. 저녁 10시 황금 뉴스 시간에 도박의 도시답게 그날의 1등 당첨자를 발표하고 있다. 나는 'Korea, Park Tae Hwa' 호칭을 염원하면서 백만장자 탄생의 황홀한 꿈을 잉태한 양 슬롯머신의 레버를 힘껏 당겨보았다. 셋째는 밤의 환락 세계로 인도하는 '스트립쇼'인데 모든 호텔에서 거의 다 있다. 특히 벨라지오 호텔의 싱크로나이즈 선수로 구성된 O쇼, MGM 호텔의 75명이 펼치는 감동 그 자체인 Ka쇼, 윈 호텔의 현대무용인 르레브쇼 등 3대 쇼가 있다.

후버 댐(1931~1935)은 세계적인 경제공황을 타개하기 위하여 그랜드캐니언 하류에 많은 중국인 노동자를 동원하여 공사를 단기간(1931~1936)에 마친 댐이다. 후버 댐은 댐 높이 221m, 길이 411m, 저수량 320억 톤(소양강 댐 29억 톤)의 다목적 댐으로 당시 최대의 규모이고, 이 물은 모하비 사막을 거쳐 LA까지 지하수로를 통해 식수로 공급되었고, 캘리포니아 건조농사가 전적으로 이 물에 의존하여 미국의 서남부를 먹여 살리는 데 기여하였다. "오늘 아침

나는 왔고, 보았고, 정복당했습니다", 완공을 앞둔 후버 댐을 방문한
「루스벨트」대통령의 명연설로 후버 댐의 위대함을 공감할 수 있다.

85 벨라지오 호텔 분수 쇼

페루 1
: 잉카제국

「코르테스」가 아스텍제국의 수도 멕시코시티에 입성하는 1519년이고, 「피사로」가 잉카제국의 왕도 툼베스에 입성하는 해 1532년이다. 이 두 해는 인류 역사상 대참극이 시작되는 해이다. 인디오 수백만이 남자이기에 살해되어야 하고, 또 수백만이 여자이기 때문에 백인의 성노예가 되어야 했다. 그들은 위대한 탐험가에서 잔인무도한 약탈자와 살인자가 되었다. 피사로(1478~1541)는 스페인의 가난한 농촌 귀족과 그 하녀의 사생아로 태어나서 유년시절을 보내고, 용병 군인으로 성장하였다. 그는 철저한 자기관리 능력으로 식민거점 파나마의 실력자가 되었고, 이후 잉카제국을 정복하고 리마의 총독이 되었다. 그는 엄청난 부귀영화를 누리게 되지만 20년 지기 「알마그로」를 황금배분 문제로 처형하게 되고, 그 때문에 그의 아들과 부하들의 보복을 받아 페루의 리마에서 인생을 마감하였다.

피사로는 기병 63명, 보병 200명 등 정찰 수준의 군사를 거느리고 잉카제국 원정길에 나섰다. 이때 왕 「아타우알파」가 이복형제를 죽이고 다음 황제로 결정되어 입성 중이었다. 이 와중에 피사로가 나타나 별생각 없이 그들을 만나준 것이 화근이었다. 피사로는 느닷없이 공격하여 잉카군 6,000명 중 4,000명을 살해하고, 잉카 왕 아타우알파를 사로잡아서 후일 기독교로 개종을 반대하는 명목으로 화형에 처하였다. 또 쿠스코와 파차카막 신전을 뒤져 순금 1.4만 톤, 순은 2.6만 톤을 약탈하였다. 그 후 300년간 본국으로 가져간 양은 총 75만 파운드이다. 당시 어찌나 많은 금을 가져갔던지 유럽경제가 혼란에 빠졌다고 한다.

잉카제국(1438~1533)은 생활의 터전이 열대의 정글이 아니라 건조한 고산지대로서 약 100여 년간 지속되었으나 마야나 아스텍제국처럼 거대한 피라미드를 세우는 문화가 없었다. 수도 쿠스코는 케추아어로 '지구의 배꼽'이란 뜻이다. 잉카인의 세계관은 하늘은 독수리, 땅은 퓨마, 땅속은 뱀이 지배한다고 믿었는데 그중 쿠스코는 그들이 신성시했던 퓨마의 형상이라 믿었다. 그래서 사라진 잉카의 흔적과 그 후 스페인제국의 번영을 구가한 흔적이 묘하게 공존하는 신비하고 불가사의한 도시가 되었다.

쿠스코는 온대기후의 고산 분지(3,400m)이고 인구는 43만 명이나 당시는 100만 명이었다. 좁은 골목길이 많아서 한국의 중고차 티코가 인기가 있다. 도심에는 식민의 상징인 광장과 성당이 있다. 중앙에 '아르마스 광장'이 있고, 광장 북편 코리칸차 태양 신전에 산토도밍고 대성당, 맞은편 카파쿠 궁전터에는 라 콤파냐 데 헤슈스 교회 등을 세웠다. 그래서 '왕궁을 파괴한 곳에 광장과 성당의 건축'은 이후 식민수도 건설의 저주스러운 관행이 되었다. 다행히 잉카제국 건국자 「망코 카팍」 동상은 광장의 한 모서리를 운 좋게도 얻어서 서있다. 광장 왼쪽 오르막길을 올라가면 성벽에 나와 있는 '쿠스코 12각돌'과 도심에서 1.6km 떨어진 구릉에 있는 삭사이 와만, 즉 최후까지 스페인과 맞서 싸운 '신성지(神聖地)의 석축에 면도칼도 물지 못하는' 잉카인 석축기술의 신기를 볼 수 있다. 지금도 잉카 태양축제가 매년 열리고 있는 신성한 곳이다.

마추픽추는 원주민의 말로 나이든 봉우리란 뜻인데, 해발 2,400m 안데스산 속에 위치한 잉카 문명의 '잃어버린 공중도시'이다. 1911년 미국의 학자 「하이람 빙엄」이 원주민 소년의 증언을 토대로 실체를 확인함으로써 알려졌다. 버려진 이유는 많은 가설이 있는데 스스로 살아가지 못한 세대가 떠났다기보다 식량 부족으로 버려졌다는 설이 신빙성이 있다. 그러나 그 누구도 마추픽추의 건설 이유를 모른다는 것이 더욱 의미 있고 신비스러울지 모른다. 마추픽추 5km² 경내에 인구는 2,000명 정도가 거주한 도시로 추정되고 궁전과 태양의 신전 등 200여 동의 돌가옥이 있는데 지붕이 우리의 맞배지붕과 우진각지붕을 너무 닮아 정감이 간다. 그 외에도 정교한 수로와 테라스로 조성된 경작지, 자연석으로 만든 나침판과 해시계, 산바람을 이용한 자연 냉장고에는 감자를 6년간 보관하고 있었다. 그래서 마추픽추는 '신세계 7대 불가사의 건축물의 하나'가 된듯하다!

86-1 쿠스코 아리마스 광장 / 86-2 마추픽추

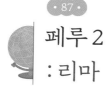

87

페루 2
: 리마

    독일의 「알렉산더 폰 훔볼트(1769~1859)」는 자연 지리학의 아버지이고, 박물학자이며 탐험가이다. 1799년 식물학자 「봉 플랑」과 함께 스페인에서 쿠바로 가는 배를 탔다. 5년간 30,000km를 여행하고, 귀국 후에는 파리에 머물면서 탐험기를 발표하여 그의 인기는 동갑인 대통령 「나폴레옹」 다음이었다고 한다. 91세에 하세할 때 필생의 역작 미완성의 《코스모스》 5권을 남겼다. 훔볼트는 콜롬비아의 오리노코강을 거슬러 올라 안데스산맥을 넘어서 적도지붕 에콰도르의 침보라소 사화산(6,268m)을 올랐다. 그는 무산소 등정으로 해발 5,700m에서 크레파스 때문에 등정을 포기하였으며 페루의 리마에 도착하여 고산병에 대한 세계 최초 기록을 남긴 것이다. 그 외 고도에 따른 기온의 감소와 동식물 분포와 관계를 구명하고, 훔볼트 해류의 발견 등 많은 업적을 남겼다.

페루는 잉카제국의 종주국으로 자존심이 강하다. 그러나 19세기 초 독립전쟁 선풍이 휘몰아칠 때 「산 마르틴」과 「시몬 볼리바르」 원정이 성공한 뒤에야 페루의 독립이 이루어졌다. 페루는 한반도의 6.5배가 되는 큰 나라로서 인구는 3,100만 명인데 인디오 45%, 메스티소 37%, 백인 15%로 구성되어 토착인이 많은 나라이다. 페루는 중부산지와 고원, 서부해안지방, 동부 정글지방으로 3구분 할 수 있다.

중앙 안데스산지는 남북으로 7,000km의 세계 최장의 산맥이고, 해발 6,000m 이상의 고봉이 100여 개나 된다. 산지 중 1,000~2,300m의 분지는 감자, 옥수수, 토마토 등 농산물을 기반으로 해서 찬란한 잉카문화를 탄생시켰다. 주식인 토종감자는 맛이 뛰어나고 종류도 3,500종이나 되어 인디오들은 신이 주신 선물이자 혼이 깃든 안데스의 유산으로 자부심을 가진다. 동물도 안데스의 상징 낙타과의 라마, 인디오의 컬러풀한 옷을 만드는 양질의 긴 털을 가진 알파카와 비쿠냐, 애완 겸 식용 쥐 기니피그, 세상에서 제일 게으른 나무늘보 등은 이곳 안데스가 원산지이다.

서부해안지방은 365일 비가 오지 않는 사막기후이나 훔볼트 한류의 영향으로 덥지 않다. 해안은 대체로 해안단구가 발달하였는데 리마해안은 2단의 단구로 하단은 해안도로가 있고, 상단은 신시가지가 전개된다. 리마 역시 사막에 둘러싸인 수도이고, 라틴아메리카 역사의 보물 창고이다. 처음 정복자 피사로에 의해 본국으로 황금을 수

송하기 위해 건설되었다. 도심은 황금색의 대통령 궁과 '마요르 광장'을 마주하고, 우뚝 솟은 남미 최초의 리마 대성당은 정복자 피사로가 주춧돌을 놓았고, 지하에는 수백 구의 유골 관과 함께 피사로의 시신도 안치되어 있다.

최근에는 신시가지의 망고스 식당에 가서 뷔페와 와인 '피스코'를 마시며 해변 상단에서 태평양 위의 패러글라이딩 즐기고, 하단에서는 예술가의 거리 '바랑코'를 둘러보는 것 등이 액티브한 새 관광코스이다.

해안 어장은 연 어획량 300만 톤으로 세계 2위 수출국이 되었다. 남극에서 칠레 해안을 따라 복류 북상하여 페루에서 용승하는 '훔볼트 한류'로 페루 멸치 안초베타의 큰 어장이다. 이곳 '대왕(훔볼트)오징어'는 한국으로 전량 수출한다는데 길이 1.5m, 무게 50kg이고 성질이 사나워 붉은 악마라 부른다. 파라카스 국립공원은 리마 남쪽 250km에 있는데 이곳 바예스타섬에는 물개, 가마우치, 펠리컨, 훔볼트 펭귄 등 약 200여 종 3억 마리 새의 보금자리로서 그 풍경은 사막과 바다가 공존하는 또 다른 페루의 모습이다.

동부 정글지방은 아마존강 상류인데 바나나, 사탕수수, 고무가 잘 자라는 열대우림기후로 국토의 60%를 차지한다. 이 지역이 철 다음으로 인간의 삶의 방식을 크게 바꾸어 놓은 **천연고무**를 세계 처음 개발할 때 중심도시 이키토스는 대서양에서 3,000km나 되어도 대형 선박이 올라와서 호항이었다. 지금도 정글과 강에 둘러싸여 수도 리마는 자동차로 갈 수 없고, 비행기나 배로 간다. 이곳 천연고무를 운반한 증기기관차와 증기선이 전시되어 있는 역사박물관, 원시 부족인 야구아족마을, 참새만큼이나 작은 원숭이가 사는 섬(하중도)의 방문은 관광의 명소이다.

87 라마

88

아르헨티나

부자였던 아르헨티나는 왜 가난해졌나? 아르헨티나의 빼어난 자태와 풍부한 자원은 상상을 뛰어넘는다. 국토가 남북 4,000km 동서 1,000km로서 왼쪽 옆구리에 안데스산맥을 오른쪽 팔 안에 대서양을 품고, 그 속에 담겨 있는 다양함을 말로 다 표현할 수 있을까? 파타고니아 지하자원, 팜파의 비옥한 곡창지대와 풍성한 목축, 이구아수 폭포와 남부 안데스 만년설과 빙하 등은 누가 보아도 입에 군침을 돌게 하는 풍요로움이다. 이곳 사람들은 한때 '신도 아르헨티나의 국적을 가졌다'고 생각하고 있었다.

20세기 초 세계 5대 강국으로서 1인당 국민소득이 유럽의 프랑스, 독일과 어깨를 겨누는 나라였다. 이 나라 부의 원천은 더 넓은 팜파의 지평선 끝까지 가득 찬 헤아릴 수 없이 많은 소이고, 이곳을 풍요로움으로 이끌어 낸 것은 카우보이, 즉 혼혈인 '가우초'인데 '탱고'와 함께 아르헨티나를 상징하는 2요소이다. 1913년 수도 부에노스아이레스에는 남미 최초 지하철도 생겼다. 〈엄마 찾아 3만 리〉라는 만화영화 기억하시죠? 이탈리아 출신의「마르코」엄마가 돈 벌러 간 나라가 바로 아르헨티나이다.

이러한 아르헨티나가 엄청난 외채와 바닥난 국고, 두 집 건너 실업자로 공동화된 중산층과 비명 지르는 빈곤층, 끊이지 않는 시위 등으로 이제 막다른 골목에 서있다. 아르헨티나가 급격하게 쇠퇴의 길을 걸은 것은 지도자들이 자기 마음대로 고스톱 하듯 나라를 너무 허접스럽게 다스린 결과 100년을 뒷걸음질했다. 그 원인은 1945년 당선된「페론」대통령의 인기 영합의 포퓰리즘에 의한 복지천국 정책, 쿠데타로 집권한 군부의 잘못으로 천정부지로 치솟은 물가, 집단 이기주의와 공짜에 길들여진 국민의식 등 이 나라 앞날이 암담하다. 아르헨티나 국민은 탱고와 축구에 미치고 노천카페의 커피문화가 으뜸이라 한다. 우리나라가 수학여행 가다가 바다에 빠진 천국의 영혼에게 국고를 수억씩 주는 '기마이 정책'과 우리의 길거리 카페문화가 마치 아르헨티나를 흉내 내는듯한 느낌이 나만의 기우이기를 바랄 뿐이다.

수도 부에노스아이레스 중심가 산텔모 지구의 높은 독립탑(71.5m) '오벨리스크'는 부에노스의 랜드마크이고, 그 아래 부에노스의 남대문시장에서 그들의 애용 음식 엠빠나다(만두)와 초리빤(핫도그)을 먹을 수 있고, 젊은 댄서들의 '길거리 탱고 춤'으로 언제나 활기 넘치는 부에노스를 대표하는 관광코스이다. **레꼴레타**는 부에노스 북동 바리오 자치구에 있는 공동묘지인데 국립미술관과 도서관이 있는 문화공간이고, 부자들의 주거지이기도 하다. 아르헨티나 역사를 수놓았던 13명의 대통령, 독립영웅, 노벨상 수상자, 유명 연예인 등 4,700명의 인물들이 잠들어 있다. 1822년 조성한 이 묘지는 죽은 자의 생전권력이나 부를 상징하듯 규모가 천차만별로 세계에서 가장 예술적인 호화로운 묘지이다. 빈민층의 딸로 태어나 악녀와 성녀 사이를 오가며 "나를 위해 울지 마라, 아르헨티나여"라고 노래도 부르고, 죽을 때 유언(33세 요절)도 한 가수이자 대통령 페론의 영부인 「에비타」 묘에 가장 많은 참배객이 붐비고, 화려한 꽃으로 뒤덮여 있다.

보카(라보까) 지역은 부에노스아이레스시 남동부 항구로 탱고의 발상지이다. 이탈리아 남부지방에서 이민 온 저소득층이 갖가지 색으로 칠한 퇴색한 목조가옥들이 즐비한 곳 빈민굴이다. 탱고곡은 유럽계통의 무곡과 아프리카계 니그로의 민속 음악이 혼합된 것으로 1880년경 보카의 선술집에서 이민 노동자들이 고향을 생각하며 작부들과 함께 추던 상스러운 춤이다. 이곳 하층민의 삶에 지친 정감, 체념적인 인생관이 지배하는 분위기 속에서 태어난 것이 '탱고 음악과 탱고 춤'이다. 그러나 탱고는 20세기 초에 파리 등 유럽 대도시 상류층에 유행처럼 번져나갔다.

저녁은 디너를 겸한 탱고 쇼를 관람했다. 막이 오르자 황홀한 탱고 음악 '라 쿰파라시타'에 맞추어 탱고 춤이 공연되었다. 보여주고, 들

려주고, 안아주는 로맨틱한 탱고 쇼, 강렬하고 아름다운 매혹의 탱
고 춤에 우리는 영화 〈여인의 향기〉에서 알 파치노와 가브리엘 앤워
처럼 탱고에 몰입되어 가고 있었다.

88-1 가우초 / 88-2 길거리 탱고

브라질 1
: 브라질리아

브라질은 독립 이전은 '사탕수수 나라'이고 독립 이후는 '커피 나라' 가 되었다. 1,500년 포르투갈의 「까브랄」이 발견하여 남미에서 유일 하게 스페인이 아닌 포르투갈이 식민지를 개척했으나 이민은 이탈 리아, 스페인, 독일, 프랑스, 동유럽 순으로 다수이다. 16~17세기 중·동부 해안 상프란시스쿠강 유역의 사탕수수 생산 붐으로 그 중 심 살바도르항구가 1549년부터 식민지 수도가 되었으며 특히 노예 무역이 활기를 띠었다. 19세기부터는 커피 수요가 증대되면서 재배 지역이 남진하자 식민수도도 남쪽의 리우데자네이루항구로 1763년 이전하고, 1822년에는 독립을 선언하였다.

수도는 1960년 다시 내륙의 캄푸스고원(해발 1,100m)으로 국토의 지리적 중앙이고, 관목과 선인장이 듬성듬성 자라는 반건조기후 (강우량 약 800mm) 지역에 브라질리아를 건설하여 천도하였다. 그 이유는 첫째 낙후된 내륙의 개발 거점 마련이고, 둘째 국가의 부(富) 가 해안 대도시 지역을 떠나 사회 통합적 기능과 역할을 모색하게 하는 데 있다. 그래서 1956년 「쿠비체크」 대통령 후보자가 신수도 건설을 선거공약으로 하고, 당선된 후 야심차게 밀어붙여 5년 임기 내 완공하였다. 그의 슬로건 "Fifty Years in Five", 즉 5년 동안 50년의 발전을 이룬 것이다. 이후 '27년 만인 1987년 세계문화유산으로 등재되는 기적'이 일어났다. 세계적인 계획도시 브라질리아는 호주의 캔버라 파키스탄의 이슬라마바드와 함께 20세기 도시계획사에 있어서 기념비적인 개발사업의 하나이다.

브라질 출신으로 세계적인 낭만주의 건축가 「루시우 코스타」가 인구 50만으로 도시 전체를 계획하였고, 그의 제자로서 98세에 재혼하고 105세 사망한 천재 건축가로 UN 본부를 설계한 「오스카 니마이어」가 주요 건물들을 건축하였다. 그들은 중요기능을 집중화할 수 있는 도시계획으로서 이상적인 도시사회를 창조한다고 믿고 추진하였다. 신수도 브라질리아를 비행기 모형의 **파일럿 플랜(Pilot Plan)**으로 설계하여 조종석에 해당하는 본부에 입법, 사법, 행정 3부와 광장을 두었다. 양 날개에는 7층 이하 저층의 주거지역과 상가를 입지시키고 몸통에는 고층의 금융, 호텔, 오피스 빌딩 등을 분리 배치하였다. 또 도시 가장자리를 따라 인공 호수 '파라노아'를 조성하여 빈민 거주지를 그 밖으로 분리시켰다.

삼부광장의 국회의사당은 초현대적 도시 브라질리아의 심벌로 2개의 접시 건물 중 위로 향한 접시가 하원, 아래로 향한 접시가 상원으로 하여 대통령관저와 최고재판소가 삼각형 배치를 하고 있다. 피라미드 형태의 '국립극장'과 왕관 형태의 '대성당'은 조각품처럼 아름다운 외관을 하고 있다. 이 계획의 기능배치는 "예술적이면서도 깨끗하게 정돈되어 있으나, 그러나 너무 장대하여 비현실적일 만큼 미래 지향적"이라는 평을 받고 있다.

이구아수 폭포는 미국의 나이아가라 폭포 아프리카 빅토리아 폭포와 함께 세계 3대 폭포의 하나이다. 원주민 과라니어 문자로 이과수가 '커다란 물'이라는 뜻이며 신이 만든 가장 놀라운 작품의 하나라고 믿고, 이곳을 성지로 추앙하였다. 이 폭포는 아르헨티나와 브라질의 국경에 있는 이구아수 강 약 4km 구간에서 암석과 섬 때문에 20여 개로 갈라져 낙차가 60~90m에 이르는 크고 작은 274개 폭포가 장관을 이루고 있다. 아르헨티나 쪽에서는 폭포를 가까이서 볼수는 있으나 브라질 쪽에서는 폭포의 대부분(80%)을 볼 수 있다. 가장 물이 많이 쏟아지는 한가운데 폭포 '악마의 목구멍'은 그 모습이 '심연으로 뛰어드는 태양의 형상'이라 한다. 엄청난 물의 양에 압도되기도 하지만 영혼을 빼앗길 만큼 매혹적이기도 하다. 이곳 관광의 하이라이트는 '마꾸꼬 사파리'이다. 관리소에서 친환경 전기차를 타고 아열대 숲속을 2km 지나면 선착장에 도착한다. 여기서부터 보트투어로 25인용 배를 갈아타고 이과수강을 약 3km 거슬러 올라가서 폭포수 아래를 들락날락하면서 떨어지는 물 폭탄을 맞는 것이 마꾸

꼬 투어의 스릴 있는 액티비티이다.

89-1 브라질 국회의사당

89-2 이과수 폭포

브라질 2
: 리우데자네이루

브라질은 대국이면서 자원 부국이다. 국토면적과 인구에서 모두 세계 5위이다. 면적은 한반도의 39배이고, 인구는 약 2억 명이다. 지구의 허파라고 불리는 아마존강 유역이 국토의 45%이고 삼림자원의 보고이다. 본류 길이 6,400km로 세계 2위이며 대부분 항해가 가능하고, 지류도 1,000여 개가 넘는 강이다.

브라질은 축구, 카니발, 복권이 국민의 3대 기쁨이다. 그래서 남자는 축구선수, 여자는 삼바 춤의 무용수가 되는 것이 꿈이다. 축제 '리우 카니발'은 포르투갈 사순절과 흑인 노예의 전통 타악기 연주와 삼바 춤이 합쳐져서 20세기 초에 지금 형식의 카니발로 생겨났다. '삼바'는 아프리카 문화에 뿌리를 둔 브라질의 전통춤으로 이 춤의 본고장은 전 수도인 리우데자네이루이다. 카니발의 산실 삼보드로모 거리에서 삼바 퍼레이드가 매년 2~3월에 4일간 개최되는데 광란의 신데렐라 밤을 보내고 나면 지금까지 1,200만의 삼바 베이비군인 사생아가 태어났다고 한다. 이 축제는 독일의 '맥주 축제' 일본의 삿포로 '눈 축제'와 함께 세계 3대 축제 중 하나이다.

코파카바나는 세계 아름다운 해변 1위이다. 해수욕장 길이가 5km로 장대하며, 수영복 차림의 날씬한 아가씨들을 보는 것만으로도 눈이 부신다. 그 무엇보다 이곳은 최적의 서핑 조건인 거친 파도 등으로 연 1,800만 명의 관광객이 찾아온다. 그래서 4S, 즉 SUN, SEA, SAND, SEX의 조건을 완벽하게 갖추고 있다. 서편으로 나란히 있는 이파네마 해변은 주로 가족들이 찾는 해수욕장이나 브라질 출신의 세계적인 작곡가인 「카를루스 조빔」이 작곡한 〈이파네마에서 온 소녀〉로 더 유명하다. 이 노래는 1960년대 브라질에서 전 세계로 퍼져나가서 우리나라에서도 조덕배가 리메이크하여 〈그대 내 마음에 들어오면〉 등을 노래했다. 이것이 격렬한 삼바보다 좀 더 감미롭고, 타악기의 살랑거림이 있는 재즈 '보사노바 음악'의 본고장을 노래한다.

꼬르꼬바도 언덕(710m)의 구세주 그리스도상은 1931년 브라질 독립 100주년을 맞이하여 세웠는데 매년 180만 명의 관광객이 찾는다. 높이 30m, 좌우로 벌린 두 팔 길이 28m의 초대형이어서 사진에다 담으려면 누운 자세에서 하늘을 향해 찍어야 하는 세계에서 유일한 곳이다. 이 예수상은 리우뿐만 아니라 브라질의 랜드마크로서 산악열차를 이용하여 올라가면, 시가지와 좌우 해변이 한눈에 들어온다. 1884년 이미 창설한 이 기차는 교황, 왕, 대통령, 과학자, 예술가 등의 유명인사가 기차 안에서 도시 전경을 보며 브라질 역사를 산책했다고 한다. 1990년 세계문화유산으로 지정되었고, 또 논란 중에 '신(新)세계 7대 불가사의 건축물'로 지정되었다.

팡지아수카르는 바다 쪽 정면에 럭비공을 세워놓은 것처럼 생긴 바위산(396m)인데 케이블 중간 지점 우르가 언덕에서 한번 갈아타고 바다를 건너듯 하면서 이 팡지아수카르산의 전망대에 오르면 도시 전경이 정감 있게 다가오는데 마치 바다에서 세계 미항을 한눈에 바라보는 듯하다. 우측으로 멀리 보이는 마라카낭 축구장은 1950년 제4회 월드컵 대회 때 건설하였으며 결승전에서 예상을 뒤엎고 브라질이 우루과이에게 역전패함으로써 브라질 역사상 최악의 악몽이고, 그들이 자랑하는 세계 최대의 축구 경기장(20만 수용)에서 잊지 못하는 '마라카낭 비극'이 일어났던 곳이다.

파벨라 지역은 빛이 강렬하면 그림자가 짙듯이 '작은 장미꽃'이라는 이름과는 달리 브라질의 어두운 그림자인 빈민굴 산동네이다. 1888년 황금 법이 공포되어 노예에서 해방되자 갈 곳이 없는 흑인들은 주변의 산비탈을 개척한 것이 파벨라의 시작이다. 그러나 꿈을 찾아 리우로 오는 지방민과 외국인으로 자꾸만 커져갔다. 파벨라는 한국의 달동네와 달리 마약의 소굴, 범죄의 온상으로 대낮에도 총격전이 벌어진다. 2016년 올림픽 개최를 앞두고 치안을 위해 육군, 해병대, 경찰을 동원하여 파벨라에 숨어든 갱단을 겨우 토벌하고, 감격의 브라질 국기 게양식을 하였다고 한다. 미항의 인구 700만의 약

30%가 현재 파벨라에 살고 있는 것이 리우의 '서글픈 실상'이다.

90 구세주 그리스도상

칠레

    칠레는 아르헨티나와는 달리 라틴아메리카에서 번영하는 국가이다. 1인당 GDP(16,000달러), 국가경쟁력, 삶의 질, 경제적 자유, 낮은 빈곤율 등에서 남미의 선도적 위치에 있다. 그래서 칠레는 2010년 5월 OECD에 가입한 최초의 남미 국가가 되었고, 한국이 자유무역협정(FTA)을 제일 처음 맺은 국가이다. 칠레는 태평양과 안데스 산지 사이에 남북 4,300km, 평균 폭 175km가 되어 세계에서 가장 좁고 긴 나라로 기후도 다양하다.

    칠레는 1818년 아르헨티나의 영웅 「산 마르틴」의 도움으로 독립하였으나 중남부는 용감한 토착 마푸체족이 1881년까지 저항하였다. 그래서 백인과 메스티소가 89%이고, 원주민은 국민의 불과 3.1%에 해당하는 10만 명 정도로 남자들의 참혹한 학살을 반증한다. 칠레는 1970년 선거를 통해 세계 최초로 사회주의 정권을 수립한 「아옌데」가 구리광산과 은행을 국유화하여 사회주의 경제계획에 나섰다. 이어서 군사쿠데타에 의한 「피노체트」 집권으로 17년간 독재를 하였으나 다행히도 경제는 안정시켰다.

북부 아타카마 사막은 세계에서 가장 건조하나 구리와 초석을 많이 생산하고 있다. 츄키카마타는 구리 노천광산으로 50km나 뻗어 있으며 전 세계매장량의 40%나 된다. 초석은 비료와 화약의 원료이고 최근 로켓의 산화재이다. 1879년 산타 라우라 사막 작업장에서 칠레와 페루 간에 **초석 전쟁**이 일어나서 칠레의 승리로 끝나자 페루 편을 든 볼리비아는 바다 없는 내륙국이 되었고, 페루도 남부 초석산지를 칠레에 빼앗기었다. 이곳 아타카마의 안데스화산 계곡은 지질학의 보고로 떠오르는 관광 명소이다. '타티오 간헐천'은 고도 4,200m에서 85℃의 온천수를 내뿜고, '파카나 칼데라 호수(4,500m)'는 물이 증발하여 홍학들이 많이 날아드는 소금 늪이다.

중부는 지중해성 기후인데 포도생산의 적지이다. 칠레의 와인은 맛과 색감, 적절한 가격이 세계 와인 애호가들에게 잘 알려져 있다. '아콩카과(안데스 최고봉 이름) 벨리'와 '센터랄 벨리'가 주 재배지로서, 안데스산지의 빙하 청정수와 이곳 광물질 토양은 병충해에 잘 견디게 한다. 대표 와인 '카베르네 소비뇽'은 우리나라에서 가장 잘 팔리는 와인이다. 그러나 지구의 반대편에서 머나먼 길을 찾아간 한국 방문객에게 농장주가 시음 와인 1잔에도 2달러를 받는 야박한 인심을 보여주었다.

남부는 서안해양성기후로 비와 바람이 많고, 칠레 파타고니아고원에는 빙하지형도 많다. 특히 '그레이 곡빙하(길이 27km)' 앞에 서면 숨은 멎고 가슴은 트인다. 곧 말단부 빙벽이 바다에 떨어지는 장면을 보는 것은 이웃 아르헨티나 '페리토 모레노 곡빙하(길이 35km)'와 함께 칠레는 물론 남미 관광의 하이라이트이다. 이곳 남부어장의 연어, 전갱이, 대왕오징어 등은 우리나라에 많이 수출하고 있으며 현지 수산 시장에 가서는 칠레산 바닷게(킹크랩, 스톤크랩), 홍어, 가리비 등을 꼭 맛보아야 한다.

수도 산티아고는 잉카제국을 멸망시킨 악마의 사도 피사로의 부관 「발디비아」에 의해 1552년 건축되었다. 도심에 있는 아르마스 광장은 역사 · 정치 중심지로 독립기념비가 있다. 특히 발디비아 기마상과 그를 살해한 마푸체족 지도자 「카우포리칸」 초상이 마주 보고 있는 것이 이채롭다. '라 모네다 궁전'은 콜로니얼풍의 궁전으로 아옌다 대통령이 군사독재자 피노체트에 의해 죽음의 최후를 맞은 곳이다. 도심에 우뚝 솟은 산 '크리스토발 힐(860m)'을 케이블카를 타고 오르면 시가지가 한눈에 들어오고, 멀리 펼쳐져 있는 안데스산지의 눈 덮인 설경은 천상의 세계처럼 아름답다. 정상에 오르면 흰색의 대리석으로 조각된 14m의 '성모마리아상'은 산티아고의 랜드마크로서 하늘에서 이 땅에 내려온 선녀로 보인다.

발파라이소는 이 나라 제2의 도시이고, 제1의 무역항으로 그 이름이 뜻하는 '천국의 골짜기'와 공존하는 해안의 단구(절벽)가 상징적인 도시이다. 이곳 해안절벽을 경사 엘리베이터 '아센소르가'를 타고 오르내리는 대중교통수단이 돋보인다. 그 양쪽에는 해안경사지와 건물 벽면을 묶어서 그려진 벽화는 동네 전체가 하나의 작품으로 연결되어 아름답기 그지없다. (끝)

91 성모마리아상

강석태 번역, 日本天皇家는 韓國人의 後孫, 오성, 1999

김영호, 베게너의 지구, 나무와 숲, 2018

김주희, 마야와 잉카 문명, 주니어 김영사, 2018

김지선 번역, 고대 이집트, 성안북스, 2020

김종래, 유목민 이야기, 꿈엔들, 2016

김현일, 유럽과 만난 동양유목민, 상생출판, 2020

남명학 연구, 제9집, 경상대 남명학 연구소, 1999

박태성, 역사속의 러시아 문화, 부산외대출판부, 1998

박태화, 동족촌락의 전통민가, 경북대학 출판부, 2006

박태화 정승일 임영대, 아시아 －ASIA－, 교학연구사, 1994

서규석, 앙코르와트, 리북, 2003

서성호, 황금불탑의 나라 미얀마, 두르가, 2011

이강혁, 스페인 역사 : 다이제스트 100, 가람기획, 2012

이상희 윤신영, 인류의 기원, 사이언스 북스, 2015

유시주, 그리스 로마 신화, 푸른 나무, 2013

임대희 번역, 중국의 역사 : 수당오대, 혜안, 2001

정영서 번역, 인디언 : 영혼의 노래, 책과 삶, 2013

최영일, 문화유산 속의 큰 인물들, 눈빛, 2004

하진희, 무심히 인도, 책 읽는 고양이 2022

인생여행
보고 갈 곳이
여기다

초판 1쇄 발행 2023. 1. 2.
　　2쇄 발행 2023. 7. 6.

지은이 박태화
펴낸이 김병호
펴낸곳 주식회사 바른북스

편집진행 김재영
디자인 김민지

등록 2019년 4월 3일 제2019-000040호
주소 서울시 성동구 연무장5길 9-16, 301호 (성수동2가, 블루스톤타워)
대표전화 070-7857-9719 | **경영지원** 02-3409-9719 | **팩스** 070-7610-9820

•바른북스는 여러분의 다양한 아이디어와 원고 투고를 설레는 마음으로 기다리고 있습니다.

이메일 barunbooks21@naver.com | **원고투고** barunbooks21@naver.com
홈페이지 www.barunbooks.com | **공식 블로그** blog.naver.com/barunbooks7
공식 포스트 post.naver.com/barunbooks7 | **페이스북** facebook.com/barunbooks7

ⓒ 박태화, 2023
ISBN 979-11-6545-910-9 03980